Final Cut Pro X テクニックブック
TechniqueBook

プロが教える
ワンランク上の
映像・動画づくり

Final Cut
Pro X
10.4～
対応！

加納 真 [著]

BNN
Bug News Network

本書掲載の動画およびその他素材の一部は、以下のURLからダウンロードできます。
http://www.bnn.co.jp/dl/fcpx_tb/

本書の内容は、執筆時点での情報をもとに書かれています。
個々のソフトウェアのアップデート状況や、使用者の環境によって、本書の記載と異なる場合があります。
本書に記載されているURL、サイトの画面構成は、本書執筆後に変更される可能性があります。

Apple、Apple TV、Apple ロゴ、Final Cut、Final Cut Pro、Finder、GarageBand、iPad、iPhoto、Mac、MacBook Pro、
macOS、Mac OS、OS X、およびQuickTimeは、米国およびその他の国で登録されたApple Inc.の商標です。
その他の会社名、および製品名は、一般に各社の商標、または登録商標です。
なお、本文中では「TM」「®」マークを表記しておりません。

はじめに
Introduction

2019年12月
加納 真

本書はFinal Cut Pro Xで映像の編集を行っている方に向けて書かれました。編集のテクニック＝技法について、わかりやすく、そして詳しくまとめています。

「Chapter 1 ベーシック編集テクニック」では、素材の整理から基本の編集方法、サクサクまとめて編集していく方法などを紹介しています。

「Chapter 2 エフェクト・トランジションを使ったテクニック」では少し手の込んだ映像の作り方を、「Chapter 3 魅惑のタイトルテクニック」ではタイトル作成のノウハウを実例を交えてまとめました。

Chapter 4とChapter 5では映像と音の表現を向上させるためのテクニックをまとめています。

「Chapter 4 色を操って映像をリッチに仕上げる」では、カラーツールの特徴を生かした使い方と、4K映像で今後のスタンダードになる「広色域」(HDR)での編集方法を解説しています。

「Chapter 5 自信が持てるサウンドテクニック」では、Final Cut Pro Xならではの「ロール」を用いたミキシング方法を紹介しています。

Chapter 6は「eGPU」などの周辺機器について、Chapter 7では「設定」についてまとめました。特にタイムコードとフレームレートについては少し踏み込んで説明しています。

本書はどの章から読んでいただいても結構です。付箋を貼ってメモを書き込み、使い込んでください。著者もそうして、自分で活用しようと思っています。

なお、本書では編集のテクニックに絞って執筆しています。そのため「マルチカム編集」や「360°編集」については説明を加えていません。これらについては前著『Final Cut Pro X ガイドブック』をご参照いただければ幸いです。

Final Cut Pro Xは時代と共に常に進化していく映像の編集アプリケーションです。AppleのMacBook ProやMacMini、iMac、そして最新のMacProで先端の映像テクノロジーを使いこなすことができます。

本書を通して、映像編集の楽しさをより深く味わっていただければ幸いです。

▶ Chapter 1 ベーシック編集テクニック

1-1 Final Cut Pro Xのワークスペース—12

1-2 ライブラリ使いこなしテクニック—14

1 ライブラリの基本——15
2 クリップ名を変更しておこう——22
3 「クリップフィルタ」で、すばやく仕分け＆編集——25
4 「スマートコレクション」で賢く仕分ける——30
5 「キーワードコレクション」でクリップをまとめる——33
6 イベントを活用しよう!——36
7 「ストレージ」の変更とライブラリの引っ越し——39

1-3 ストーリーラインを使った編集テクニック—44

1 ストーリーラインの基本テクニック——45
2 クリップを結びつける「クリップの接続」——55
3 クリップをまとめる「ストーリーライン」と「複合クリップ」——57

1-4 サクサク編集テクニック…その1—61

1 オーディオを調整する——62
2 ブラウザでクリップ内の使う範囲を選択する——64
3 基本ストーリーラインで不要な箇所をカットする——67

1-5 サクサク編集テクニック…その2—72

1 イベントビューアでクリップを確認する——73
2 「3点編集」でインサート編集を行う——74
3 クリップの音声をまとめて下げる——77
4 ストーリーラインや複合クリップに変換して加工する——78

1-6 ミュージックビデオの編集テクニック—81

1 オーディオクリップを基本ストーリーラインに配置する——82
2 クリップを音楽に合わせるテクニック——83

1-7 CM・ドラマを作るじっくり編集テクニック—91

1 「プレースホルダ」でVコンテを作成する——92
2 「絵コンテ」でVコンテを作成する——94

▶Chapter 2　エフェクト・トランジションを使ったテクニック

2-1　時間を操る「リタイミング」—100
1　リタイミングエディタで速度をコントロールする—— 101
2　リタイミングで作る「タイムリマップ」—— 105
3　ジャンプカットを作成する「マーカーでジャンプカット」—— 109
4　クリップのフレームをすべて再生する「自動速度」—— 110

2-2　レイヤーを使った表現テクニック—111
1　レイヤーの基本テクニック—— 112

2-3　「キーフレーム」でモーションを作成する—121
1　キーフレームを設定する—— 122
2　キーフレームの編集—— 126

2-4　マルチレイヤーでトランジションを作成する—128
1　「ジェネレータ」でバナーを作る—— 129
2　動画からフリーズフレームを接続してバナーを作成する—— 131
3　残りのバナー素材を作成する—— 132
4　バナーを複合クリップにまとめる—— 133
5　キーフレームでバナーに動きをつける—— 134
6　バナーの動きをマウスで設定する—— 137
7　複数のバナーに動きをつける—— 140
8　バナーを複合クリップにまとめる—— 144

2-5　エフェクトを使いこなす—149
1　エフェクトの基本テクニック—— 150
2　肌をなめらかに明るく魅せる「美顔」テクニック—— 155
3　画面の一部をぼかす—— 161
4　ミニチュア風の画面を作る—— 163
5　映像を鏡のように反射させる—— 166

2-6　「手ぶれ補正」を活用する—170
1　クリップに「手ぶれ補正」を適用する—— 170

2-7 「マスク」で画面を切り取る──173

1 「マスク」で画面を切り取る──174
2 「マスク」の輪郭を調整する──175
3 「マスク」の背景を重ねる──177

2-8 「キーヤー」でクロマキー合成を行う──179

1 「キーヤー」で背景をキーアウトする──180
2 背景の素材と合成する──183
3 「キーヤー」でシルエットを作る──185

2-9 トランジションを活用する──189

1 トランジションの基本テクニック──190
2 トランジションの操作──191
3 「スライド」と「調整」を活用してクリップに動きを加えよう──193
4 レイヤーのクリップのみにトランジションを設定する──196
5 インタビューで役に立つ「フロー」──198

▶ Chapter 3　魅惑のタイトルテクニック

3-1 タイトルの作成テクニック──202

1 タイトルの種類──202
2 タイトルの作成──203
3 タイトルのフォント、サイズ、位置、スタイルを調整する──205

3-2 文字を引き立たせるテクニック──213

1 画面外からスライドインするタイトル──214
2 タイトルを光で照らす──216
3 タイトルを輪郭文字にする──219
4 文字の形に背景を切り抜く──219
5 文字にテクスチャ（質感を表現した模様、生地）を設定する──222
6 絵文字を使う──224
7 3Dテキスト──225

3-3 Keynoteで表現の幅を広げる──228

1 Keynoteで吹き出しを作る──229
2 Keynoteでテロップを作る──233
3 縦書きの文字を作成する──235

3-4 Motionで機能を拡張する─236

1 縦書きのタイトルを作成する── 237
2 「タイトル」の「変形」にキーフレームを追加する── 239
3 「調整レイヤー」を作成する── 240

▶ Chapter 4 色を操って映像をリッチに仕上げる

4-1 色調整の基礎知識と基本操作─246

1 カラーコレクションとカラーグレーディング── 247
2 カラーコレクション── 248
3 カラーグレーディング‥‥「カラーボード」編── 254
4 カラーグレーディング‥‥「カラーホイール」編── 258
5 カラーグレーディング‥‥「カラーカーブ」編── 261
6 カラーグレーディング‥‥「ヒュー／サチュレーションカーブ」編── 265
7 フィニッシュ── 267

4-2 HDR素材の取り扱い─269

1 ライブラリの設定を行う── 269
2 HDRでの編集── 271

▶ Chapter 5 自信が持てるサウンドテクニック

5-1 「ミキシング」で音質を上げる─278

1 セッティング── 278
2 ノイズを減らす── 279
3 声をクリアにする── 284
4 効果音とBGMを加える── 287
5 ミキシングする── 291

5-2 「マスタリング」で音を仕上げる─297

1 イコライザーで音を整える── 297
2 コンプレッサーで音圧を上げる── 300
3 ラウドネス値を調整する── 303
4 ロールごとにオーディオを書き出す── 306

▶ Chapter 6　ハードウェアを使いこなす

6-1 ストレージを増設して容量不足を解消する─312
1 HDD/SSDケースを使う── 312
2 RAIDストレージを使う── 313

6-2 eGPUでグラフィック処理を向上させる─315
1 拡張ボックスにグラフィックカードを搭載する── 315
2 Final Cut Pro Xで「eGPU」の機能を使う── 317

6-3 外部モニター、スピーカー用に入出力インターフェイスを使う─318
1 インターフェイス端末をMacに接続する── 318
2 Final Cut Pro Xで映像出力の設定を行う── 320

▶ Chapter 7　Final Cut Pro Xの環境設定とプロジェクト設定

7-1 Final Cut Pro Xの「環境設定」─324
1 「一般」── 324
2 「編集」── 326
3 「再生」── 328
4 「読み込み」── 330
5 「出力先」── 333
6 プロジェクトを書き出す── 336

7-2 プロジェクトの設定から学ぶ映像フォーマット─337
1 「プロジェクト名」と「イベント」── 337
2 「開始タイムコード」── 338
3 「ビデオ」── 342
4 「レンダリング」── 347
5 「オーディオ」── 347

9

■出演者の紹介

白鳥大珠（しらとり たいじゅ）
キックボクサー／TEAM TEPPEN所属

幼い頃から格闘家に憧れ、2011年にキックボクサーとしてデビュー。その後ボクシングに転向したのち、2018年にキックボクシングに復帰。以降、勝ち星を重ね、世界戦でも海外の王者を破るなど、最も期待される選手の1人。その端正なマスクから「キックの王子様」の別名を持ち、モデルとしても活躍。
RISE WORLD SERIES 2019王者

Chapter 1

ベーシック編集テクニック

本章「ベーシック編集テクニック」では、Final Cut Pro Xにあらかじめ搭載されている機能やテクニックを紹介していきます。ライブラリの活用方法、クリップとタイムラインなど、サクッと美しく編集するテクニックを身につけましょう。

1-1 Final Cut Pro Xの ワークスペース

Final Cut Pro Xでは作業画面のことを「ワークスペース」と呼びます。「ワークスペース」は主に5つのウインドウで構成されています。各ウインドウの名前と役割をはじめにおさえておきましょう。

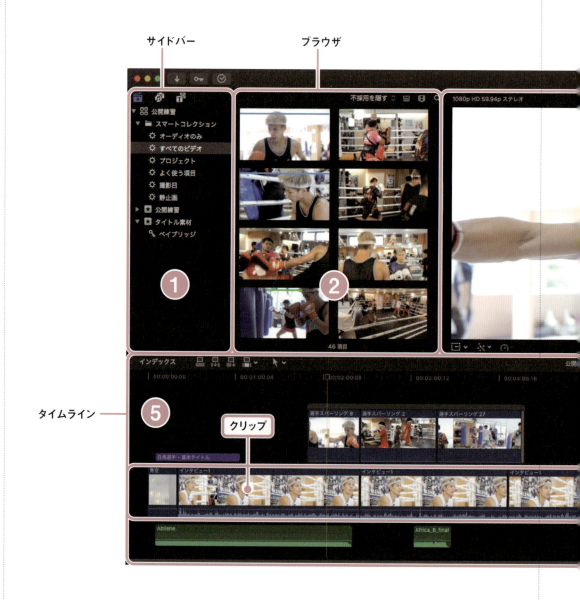

❶ **サイドバー**：「ライブラリ」では、ライブラリとライブラリ内のイベントの名称が表示されます。「写真とオーディオ」/「タイトルとジェネレータ」と切り替えられます。

❷ **ブラウザ**：サイドバーに表示されたライブラリやイベントを選択すると、内容がブラウザに「クリップ」として表示されます。

❸ **ビューア**：ブラウザ内の「クリップ」を選択すると、内容がビューアに表示されます。タイムラインのプレビューウインドウとしてもビューアは使われます。

❹ **インスペクタ**：ライブラリ、プロジェクト、クリップの情報を表示するウインドウです。またエフェクトを設定する操作パネルの役割も担っています。

❺ **タイムライン**：イベント内に作成したプロジェクトを開くと展開します。中央の「基本ストーリーライン」にクリップを並べることで編集を進めていきます。

❻ **「エフェクト」/「トランジション」ブラウザ**：さまざまな画面効果やサウンド効果が収められています。

1-2
ライブラリ使いこなしテクニック

Final Cut Pro Xは映像編集のアプリケーションとして知られていますが、メディアを収納＆整理する機能も優秀です。メディアファイルは「ライブラリ」で管理します。macOSに付属の「写真」アプリや「GarageBand」と同じ仕組みですね。ライブラリを使いこなせると、編集作業の効率が大きく上がります。「あの動画どこだっけ？」をなくして、快適に編集作業を進めましょう。

- クリップをライブラリ（メディアファイルを収納する場所）に読み込む

- クリップを整理（クリップの取捨選択、クリップ名変更、キーワード設定など）
- クリップの使用範囲を指定

- ブラウザのクリップを再生
- タイムラインのクリップを再生

- クリップを並べて1本の映像を作る
- さまざまな編集テクニックについては1-3参照

1 ライブラリの基本

Final Cut Pro Xのライブラリについて、基本をおさらいしておきましょう。ライブラリはメディアファイルを収納する場所です。Final Cut Pro Xでは、ライブラリを作成し、動画や静止画、サウンドなどを読み込んでから編集作業をはじめます。

ライブラリを作成する

ライブラリを新規に作成します。素材をライブラリに読み込むため、ディスク容量をあらかじめ確保しておきましょう。

STEP1 Final Cut Pro Xを起動し、「ファイル」メニューから「新規」>「ライブラリ」を選択します。

STEP2 ハードディスクなどライブラリの保存先を指定します。作成するライブラリ名を入力して「保存」をクリックします。

- ライブラリ名を入力
- ライブラリの保存先を指定

作成したライブラリがサイドバーに表示されます。ライブラリには「スマートコレクション」と「イベント」が作成されています。「スマートコレクション」は読み込んだ素材を種類ごとに仕分けしてくれます。
「イベント」は素材を読み込むフォルダとして機能します。初期設定では日付が名称になっていますが、任意の名前に変更できます。

- ライブラリ
- スマートコレクション
- イベント

1-2 ライブラリ使いこなしテクニック

ライブラリに素材を読み込む

ライブラリに素材を読み込むと、Final Cut Pro Xは編集できる素材かどうかを判断します。カメラで撮影した動画や、写真、サウンドなどのメディアファイルの多くは読み込めます。ワードやエクセル、パワーポイントなどは読み込めません。

STEP1 ライブラリの上にある「読み込み」ボタン ↓ をクリックします。または「ファイル」メニューから「読み込む」＞「メディア」を選択します。

↑「メディアの読み込み」ウインドウ

読み込み元の「デバイス」❶からSDカードなど、読み込むメディアを選択します。素材がiPhone内にある場合は、MacにiPhoneを接続すると左上に表示されます。

❷では、読み込んだ素材の保管場所として、ライブラリ内のイベントを指定しておきます。新規にイベントを作成することもできます。

❸の「ライブラリにコピー」を選択すると素材がライブラリ内に収められます。「ファイルをそのままにする」を選択すると、素材をライブラリ内には読み込まずに、素材へのリンクを設定します。

リスト❹から読み込む素材を選択します。右下の「選択した項目を読み込む」ボタン❺をクリックすると、素材がライブラリに読み込まれます。

素材をイベントに直接読み込む

「メディアの読み込み」ウインドウを使わずに素材を読み込むこともできます。

STEP1　Finderから直接、素材やフォルダをライブラリ内のイベントにドラッグします。

Finderからフォルダをドラッグ

ライブラリの素材を確認する

ライブラリに読み込んだ素材は「ブラウザ」にクリップとして表示されます。クリップを選択すると「ビューア」に内容がプレビューとして表示されます。

動画素材の場合、「ビューア」の「再生／停止」ボタン▶で動画を再生できます。キーボードのスペースキーでも再生／停止をコントロールできます。

クリップを選択　　読み込まれた素材＝クリップが表示される　　選択したクリップが表示される

再生／停止

ブラウザ内のクリップをクリックすることで、再生する位置を変えることができます。

クリップの再生位置を示すライン

> **Memo　素材はすべて「クリップ」**
>
> Final Cut Pro Xでは、ライブラリ内に読み込まれたメディアファイルはすべて「クリップ」と呼びます。動画も写真も音声もすべて「クリップ」です。また、タイトルなどFinal Cut Pro X内で作成した素材も「クリップ」と呼びます。

「アーカイブ」に素材を保管する

撮影した素材はライブラリに読み込まずに、「アーカイブ」としてディスクに保存しておくことができます。「アーカイブ」に素材を保管しておくことで、あとから必要なクリップだけを読み込めます。

STEP1 「メディアの読み込み」ウインドウ（→P.16）を開き、アーカイブにする素材を選択して、左下の「アーカイブを作成」をクリックします。

STEP2 保存先を指定して「作成」をクリックします。

素材が収められたフォルダがアーカイブの形で保存されます。アーカイブはあとから開いてライブラリに読み込めます。撮影現場ではMacBook Proで収録内容をアーカイブに保存し、持ち帰って編集することができます。

↑アーカイブファイルのアイコン

既存のライブラリを開く

以前に作成したライブラリを開くには「ライブラリを開く」を使います。

STEP1 「ファイル」メニューの「ライブラリを開く」サブメニューに、過去に開いたライブラリがリスト表示されるので、目的のライブラリを選択します。リストにないライブラリを開く場合は「その他」を選択します。

「ライブラリを開く」ウインドウが表示され、「どのライブラリを開きますか？」と尋ねてきます。ライブラリ名を選んで既存のライブラリを開くか、リストにない場合は「場所を確認」でライブラリのあるディスクの場所を指定します。また「新規」を選択すると新規にライブラリを作成して開くことができます。

- ライブラリを選択
- 新規にライブラリを作成して開く
- 上記リストにない場合にライブラリの場所を指定

Final Cut Pro Xでは複数のライブラリを開けます。クリップやイベントはライブラリ間でドラッグしてコピーできます。

あとから開いたライブラリ

ライブラリを閉じる

ライブラリを閉じるには、ライブラリを右クリックして表示されるメニューから「ライブラリ"名称"を閉じる」を選択します。または、ライブラリを選択して「ファイル」メニューから「ライブラリ"名称"を閉じる」を選択します。

ライブラリのバックアップを開く

Final Cut Pro Xでは、編集した内容は自動的に保存されます。したがって、「保存」のコマンドはありません。ライブラリを閉じたときに、最新の情報で自動保存されます。もし、何かのトラブルでうまく保存されていない場合は、定期的に保存されたバックアップを使えます。バックアップは「ファイル」メニューの「ライブラリを開く」>「バックアップから」で開けます。定期的に保存されたバックアップファイルから最新のファイルを選択して使います。

最新のバックアップを選択して復元する

19

Column
編集用に外づけのディスクを用意しよう

Q ライブラリは動画や写真など、素材を収める場所なのですね？
A その通りです。Final Cut Pro X でははじめに素材をライブラリに読み込み、プロジェクトを作成して編集するのです。

Q Macのディスク容量が足りない場合はどうすればよいですか？
A 外づけのハードディスクやSSDを用意して、そこにライブラリを作成すればよいのです。

Q なるほど。ディスクの容量はどの程度、必要でしょうか？
A 内容によりますが、HDの画面サイズなら1時間の尺で200～500GB（ギガバイト）程度を必要な容量の目安とするとよいでしょう。2TB（テラバイト）以上の外づけディスクを用意しておけば余裕がありますね。

Q 動画の編集には、かなりの容量が必要なんですね。
A そうですね。動画にエフェクトやタイトルを加えると、その部分は新たに動画ファイルを生成します。これをレンダリング（描画）と呼びます。このような編集中に生成された動画ファイルの場所も確保しておく必要があるのです。

Q 撮影した動画を収めるだけでは十分ではないということですね。
A そういうことです。

Column
ディスクのフォーマット（初期化）

Macに外づけするディスクは最初に編集用にフォーマット（初期化）しておきましょう。初期化には「ディスクユーティリティ」を用います。「ディスクユーティリティ」は「アプリケーション」フォルダ内の「ユーティリティ」に収められています。

なお、フォーマットは、ディスク内のデータをすべて消去します。フォーマット前に、必要なデータが残っていないかよく確認し、もしあれば必ずバックアップを取ってからフォーマットを実行してください。

STEP 1　「ディスクユーティリティ」を起動します。サイドバーから初期化したいディスクを選択して❶、「消去」ボタン❷を押します。

STEP 2　ディスクの名前を入力し、フォーマット方法を選択します。「フォーマット」❶は「Mac OS拡張（ジャーナリング）」または「APFS」のどちらかにします。「方式」❷は「GUIDパーティションマップ」を選びます。「消去」❸をクリックすると、ディスクのフォーマットが開始されます。

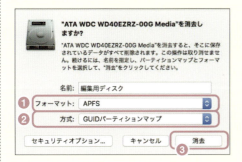

「フォーマット」では、macOS Mojave（バージョン10.14）以降のOSをお使いの場合は最新の「APFS」を選んでください（「APFS」はmacOS High Sierraより以前のOSではマウントされません）。

なお、Windows PCとのファイルの互換性を重視して「exFAT」形式を選ぶ場合がありますが、映像の編集用途としては「APFS」のほうが適しています。

2 クリップ名を変更しておこう

ここからは、「ライブラリ」で"使えるテクニック"をピックアップして紹介します。まずは、クリップ名の変更方法から説明しましょう。
Final Cut Pro Xのブラウザでは、クリップは「P1020635.MP4」のようにファイル名で表示されます。これではどんな内容の素材なのかさっぱりわかりませんね。そこで、編集の前にクリップをわかりやすい名前に変更しておきましょう。

クリップの名称を変更する

ブラウザで読み込んだクリップの名称を変更します。

STEP1 「リスト表示／フィルムストリップ表示の切り替え」ボタン をクリックし、ブラウザの表示を「リスト表示」にします。

クリップ名がリスト表示されます。

STEP2 名前を変えるクリップ名を選択し、「return」キーを押します。「return」キーを押すと、文字の入力・変更が可能になるので、任意の名称を入力します。

クリップの名称をまとめて変更する

複数のクリップのファイル名を、一定の命名規則に基づいてまとめて変更できます。

STEP1 「変更」メニューから「カスタム名を適用」>「編集」を選択します。

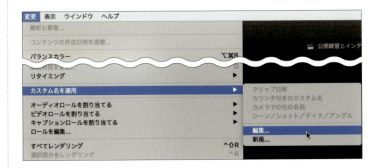

「命名規則のプリセット」が表示されます。

STEP2 サイドバーから「カウンタ付きのカスタム名」❶を選択し、ウインドウ下の「カスタム名」❷に任意の名称を入力します。「OK」❸をクリックしてウインドウを閉じます。

STEP3 ブラウザで名前を変更するクリップをすべて選択し、「変更」メニューから「カスタム名を適用」>「カウンタ付きのカスタム名」を選択します。

クリップの名称がまとめて変更されます。このようにクリップ名を変更しておくと、編集の際に必要なクリップを見つけやすくなります。

クリップの名称が一括変更された

Memo　クリップ名を変えても元のファイル名は変わらない

ブラウザ内でクリップの名称を変えても、オリジナルのファイル名は変わりません。
名称を変更したクリップを右クリックし、リストから「Finderに表示」を選択すると、ブラウザからリンクしている元ファイルがFinderに示されます。
オリジナルのファイルは元のファイル名のままであることが確認できます。

クリップ名を右クリック

Finder上のファイル名は元のまま

3 「クリップフィルタ」で、すばやく仕分け＆編集

「クリップフィルタ」を使うと簡単に編集の下ごしらえができます。はじめに「NG」のクリップを抜き出し、残ったクリップから「OK」の場面を選んでストーリーラインに並べます。シンプルな作品なら、これだけで編集作業のほとんどが完了します。

「不採用」のクリップを選ぶ

クリップをブラウザでプレビューし、「不採用」のクリップ（NGクリップ）を表示しないようにします。なお、表示しないだけでファイルを消去してしまうわけではありません。

STEP1 ブラウザでクリップを選択し、プレビューして内容を確認します。

STEP2 NGのクリップを選択して「delete」キーを押します❶。または、「マーク」メニューから「不採用」を選択します。

クリップの上部に赤のラインが表示されます❷。

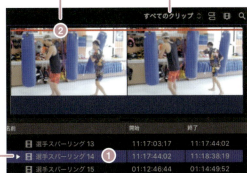

「不採用」の赤のラインマーク　「すべてのクリップ」を選択

NGクリップを選択して「delete」キーを押す

STEP3 「クリップフィルタ」のプルダウンメニューから「不採用を隠す」を選択します。

「不採用」にしたクリップがブラウザ内に表示されなくなります。

「不採用を隠す」を選択

「不採用」にしたクリップ（図では「選手スパーリング14」）が非表示になる

クリップの「不採用」を解除する

「不採用」クリップは、いつでも「不採用」を取り消して通常のクリップに戻せます。

STEP1 「クリップフィルタ」のプルダウンメニューから「不採用」を選択します。

「不採用」に設定したクリップが表示されます。

STEP2 設定を戻すクリップを選択し、キーボードの「U」キーを押すか、「マーク」メニューから「評価なし」を選択します。

不採用の設定が解除されます。

「不採用」を選択

クリップを選択して「U」キーを押す

クリップから使う範囲をマークする

NGクリップを選り分けて、OKクリップを選定したら、続いてOKクリップから編集で使う範囲を選択します。

STEP1 ブラウザ内のクリップをプレビューし、使い始めの箇所でキーボードの「I」キーを、使い終わりの箇所で「O」キーを押します。

黄色い枠で範囲が選択されます（「範囲選択」ツール（→P.52）を用いて範囲を指定しても同じです）。選択範囲は枠を左右にドラッグして調整できます。

選択範囲を調整

STEP2

「F」キーを押すか、「マーク」メニューから「よく使う項目」を選択します。

範囲指定した部分が「よく使う項目」として緑色でマーキングされます。

「よく使う項目」に緑色のマークがつく

STEP3

「クリップフィルタ」のプルダウンメニューから「よく使う項目」を選択します。

緑色でマークした範囲のみが抜き出されてブラウザに表示されます。

「よく使う項目」の範囲が抜き出される

「よく使う項目」を選択

「よく使う項目」の範囲が抜き出されたクリップ

クリップから使う範囲を複数指定する

1本のクリップから、複数の使用範囲を一度に抜き出せます。

STEP1

先ほどと同様に、ブラウザ内のクリップから使用する範囲を選択し、「F」キーで指定します。

図は同じクリップ内の3箇所を「よく使う項目」として指定しています。

「よく使う項目」を指定

1-2 ライブラリ使いこなしテクニック

27

STEP2　「クリップフィルタ」のプルダウンメニューから「よく使う項目」を選択します。

「よく使う項目」に指定した範囲が独立した3つのクリップとして表示されます。

「よく使う項目」を選択

「よく使う項目」の範囲が独立した
3つのクリップになる

クリップの使う範囲（OKテイク）をストーリーラインに追加する

すべてのOKクリップで使う範囲を指定したら、マーキングした範囲をプロジェクトのストーリーラインに追加します。

STEP1　イベント内にプロジェクトを作成し、タイムラインを開いておきます。プロジェクトの作成手順についてはP.45を参照してください。

STEP2　編集で使うクリップを選択します。クリップをすべて選択する場合は、「⌘」＋「A」キーを押すか、「編集」メニューから「すべてを選択」を選択します。

「よく使う項目」を選択

編集で使うクリップを選択

STEP3 「E」キーを押します。または、「編集」メニューから「ストーリーラインに追加」を選択します。

選択したクリップがストーリーラインに追加されます。ストーリーラインでクリップの順番を並べかえたり、長さを調整して編集作業を行います。

クリップがまとめてストーリーラインに追加される

Column
クリップの
さまざまな整理方法

Q 「クリップフィルタ」を使うと簡単にクリップを整理できますね！

A そうですね。読み込んだ素材を「OK」と「NG」で分け、「OK」部分を抜き出してしまえば、あとはストーリーラインで微調整するだけなので編集作業が楽になります。

Q 「NG」のクリップを使いたいときにはどうすればよいでしょうか？

A その場合は「クリップフィルタ」を「不採用」にし、表示された「NG」のクリップから必要な部分を抜き出してストーリーラインで編集すればよいのです。

Q クリップが多くなると「OK」と「NG」だけでは整理しづらいです。

A このあと紹介する「スマートコレクション」や「キーワードコレクション」を使ったり、「イベント」ごとにクリップをまとめるなど、Final Cut Pro Xにはクリップを整理する機能が充実しているので試してみましょう。

Memo 作業に不要なウインドウは閉じておこう

クリップの整理をしているときは、作業に不要なウインドウを閉じておくと便利です。ワークスペース右上の「インスペクタを表示／隠す」ボタン、「タイムラインを表示／隠す」ボタンをクリックすると、タイムラインとインスペクタのウインドウが隠れ、ブラウザとビューアだけが表示されます。ブラウザのワークスペースが広がり、整理がしやすくなります。

インスペクタを表示／隠す
タイムラインを表示／隠す

ブラウザの表示範囲が広がる

4 「スマートコレクション」で賢く仕分ける

ライブラリのクリップの種類が多くなると、目的のクリップを探すのが難しくなってきます。「スマートコレクション」では、撮影の日付やカメラの機種など、ファイルの属性（メタデータ）をもとにクリップを仕分けられます。ここでは「スマートコレクション」の活用方法を紹介します。

「スマートコレクション」を表示する

「スマートコレクション」を開くと「オーディオのみ」「すべてのビデオ」など既存のコレクションが並んでいます。「すべてのビデオ」をクリックすると、ライブラリ内のビデオファイルがまとめて表示されます。静止画やサウンドファイルは表示されません。

ビデオファイルが表示される

撮影日でクリップを抽出する

「スマートコレクション」を使って特定の日に撮影したクリップを抽出してみましょう。

STEP1 ライブラリを右クリックして表示されるメニューから「新規スマートコレクション」を選択します。または、ライブラリを選択し、「ファイル」メニューから「新規」>「ライブラリ・スマート・コレクション」を選択します。

ライブラリを右クリック

STEP2 「スマートコレクション」内に「名称未設定」が作成されるので、ダブルクリックして設定項目を表示します。

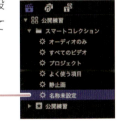

作成されたスマートコレクションをダブルクリック

STEP3 右上の田をクリックし、ポップアップメニューから「日付」を選択します。

クリックしてポップアップメニューを表示

「日付」を選択

STEP4　「コンテンツの作成日が」の属性で「以内」をクリックし「である」を選択します（STEP5図❶）。

STEP5　続いて撮影日を入力します。「07-09-2019」のように「月-日-西暦」の順で入力し❷、「return」キーで確定します。

STEP6　コレクション名の「名称未設定」を「撮影日」に変えておきます。スマートコレクションを選択すると、設定した日付に撮影したクリップが表示されます。

名前を「撮影日」に変更　　　　　　　　　　「撮影日」に設定した日付に撮影されたクリップが一覧表示される

仕分ける条件を追加する

条件を追加すると、より細かくクリップを仕分けられます。たとえば、同じ日に複数のカメラで撮影した素材をカメラごとに仕分けられます。以下は、前述の「07-09-2019」に、「LUMIX」で撮影した「オーディオ付きビデオ」を表示する設定です。

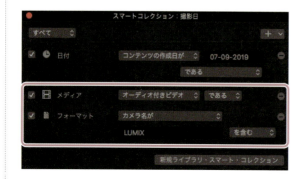

スマートコレクション「撮影日」をクリックすると、ライブラリ内のクリップから「２０１９年７月９日」に「LUMIX」で撮影した「オーディオ付きビデオ」が抽出されます。

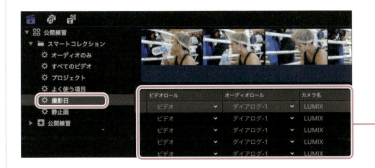

設定した条件のクリップが表示される

このようにスマートコレクションでは、撮影時に記録されたメタデータ（属性）をもとにクリップを仕分けられます。

> **Memo** 「スマートコレクション」は「イベント」内にも作成できる
>
> 「スマートコレクション」はライブラリ全体でなく、個別のイベント内に作成することもできます。イベントを右クリックし「新規スマートコレクション」を選択するとイベント内に「スマートコレクション」が作成されます。
>
> イベント内に作成したスマートコレクション

5 「キーワードコレクション」でクリップをまとめる

「キーワードコレクション」はクリップを任意のキーワードで整理する方法です。種類や撮影日の異なるクリップでも、キーワードでまとめられます。また、読み込む際に素材を１つのフォルダにまとめておけば、フォルダの名前をキーワードとして登録できます。

クリップにキーワードを設定する

クリップにキーワードを設定するとイベント内に「キーワードコレクション」が表示されます。

STEP1 クリップを選択し、ライブラリ上にある「キーワードエディタ」ボタン をクリックします。

クリップを選択

STEP2 「キーワードエディタ」が表示されるので、設定したいキーワードを入力します。ここでは「白鳥選手」というキーワードにしました。「return」キーで確定します。

イベント内に「白鳥選手」というキーワードコレクションが作成されます。

STEP3 キーワードコレクションをクリックすると登録したクリップが表示されます。

作成されたキーワードコレクション

キーワードコレクションにクリップを追加する

作成したキーワードコレクションにクリップを追加登録してみましょう。

STEP1 キーワードを登録したいクリップを選択し、作成したキーワードコレクションにドラッグします。

クリップをキーワードコレクションにドラッグ

キーワードコレクションをクリックするとクリップが追加されていることがわかります。

キーワードコレクションを選択　　　　　　　コレクションに追加された

フォルダ名でキーワードを設定する

1-2

フォルダ名でキーワードを設定します。フォルダをアップするだけなので簡単・便利、オススメの整理方法です。

STEP1 Final Cut Pro Xで読み込む前に、Finderで素材をフォルダにまとめておきます。フォルダ名には、キーワードにする名称（図では「ベイブリッジ」）をつけます。

キーワードをフォルダ名にする

↑素材をフォルダにまとめる

STEP2 Final Cut Pro Xで「読み込み」ボタンをクリックし、「メディアの読み込み」ウインドウで「キーワード」の「フォルダから」にチェックを入れ、フォルダを指定します。

「キーワード」で「フォルダから」を選択

読み込むフォルダを選択

読み込みと同時にフォルダ名でキーワードコレクションが作成され、読み込んだ素材がまとめられます。

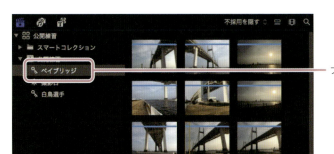

フォルダ名でキーワードコレクションが作成される

ライブラリ使いこなしテクニック

Column
クリップに表示される色のラインについて

「クリップフィルタ」などでクリップを仕分けると、ブラウザ内のクリップに特定色のラインが表示されます。ラインの表示／非表示は「表示」メニューの「ブラウザ」＞「マークした範囲」で切り替えられます。

緑色のライン
クリップに「よく使う項目」を設定すると表示されます。

赤色のライン
クリップに「不採用」を設定すると表示されます。

青色のライン
クリップに「キーワード」を設定すると表示されます。

紫色のライン
クリップに「解析と修復」を実行し、解析キーワードが設定されると表示されます。

オレンジ色のライン
クリップが編集中のタイムラインで使われている場合に画面の下に表示されます。このラインに限り表示／非表示の切り替えは、「表示」メニューの「ブラウザ」＞「使用中のメディアの範囲を表示」で行います。

6 イベントを活用しよう！

イベントはライブラリ内にいくつも作成できます。イベントごとにクリップやプロジェクトをまとめると、編集効率が上がります。イベントを活用して、多くの素材を効率よく使いこなしましょう。

新規にイベントを作成する

ライブラリ内に新規にイベントを作成します。

STEP1 ライブラリを右クリックし「新規イベント」を選択します。

ライブラリを右クリック

STEP2 イベントの作成ダイアログが表示されるので、イベント名を入力し、「OK」をクリックすると、新規にイベント「タイトル素材」が作成されます。

❶「イベント名」：新規に作成するイベント名を入力します。ここでは「タイトル素材」という名称にしました。
❷「新規プロジェクトを作成」：イベント内にプロジェクトを作成する場合はチェックを入れ、プロジェクトの設定を行います。プロジェクトを作成しない場合はチェックを外します。

イベント間でクリップを移動する

イベント内のクリップやプロジェクトを、ほかのイベントに移動できます。

STEP1 移動元のイベントからクリップを選択し、移動先のイベントにドラッグします。

移動先のイベントを選択すると、クリップが移動していることがわかります。

既存のイベント内のクリップを新規のイベントにドラッグ

クリップが新規のイベントに移動した

イベントを結合する

複数のイベントを1つに「結合」できます。

STEP1 複数のイベントを選択し、「ファイル」メニューから「イベントを結合」を選択します。

選択したイベントが1つのイベントに結合されます。このとき、表示の上位のイベント名でまとめられます。

1-2 ライブラリ使いこなしテクニック

結合するイベントを選択

1つのイベントに結合された

イベントをほかのライブラリにコピーする

イベントはほかのライブラリにコピーできます。コピー先のライブラリはバックアップとして保存したり、ほかのスタッフに渡して作業を分担したりできます。

STEP1 まず、コピー先のライブラリを用意します。「ファイル」メニューから「新規」＞「ライブラリ」で新規にライブラリを作成しておきます。

ここでは「バックアップ」というライブラリを作成しました（STEP2図❶）。

STEP2 既存のライブラリからコピーしたいイベントを選び、ライブラリ「バックアップ」にドラッグします❷。

イベントをライブラリにドラッグ

STEP3 「ライブラリ"バックアップ"に項目をコピーします。」というダイアログが表示されるので、「OK」をクリックします。

イベント内のクリップやプロジェクトが新しいライブラリにコピーされます。

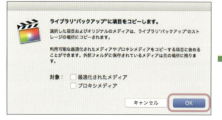

↑イベントが新しいライブラリにコピーされた

Column
イベントの活用法

イベントはライブラリ内でフォルダのような役目をします。作品のスタイルに応じてイベントを作成し、活用しましょう。

シーンでまとめる：映画やドラマでは、1つのシーンでも撮影日や撮影場所が異なることが多いものです。読み込み作業は撮影順になりますが、シーン単位のイベントを新たに作成してクリップをまとめると編集しやすくなります。

プロジェクトを専用イベントにまとめる：本編のほかに短縮版や予告編など、バージョンが異なるプロジェクトを作成する場合は、プロジェクトだけをまとめたイベントを作成しておくと、いくつものイベントを開いてプロジェクトを探す手間が省けます。

素材の収納庫として使う：「タイトル」「CG」「BGM」「背景素材」など素材単位でイベントをまとめておくと、同じ素材を使い回すときにすぐに取り出せます。

7 「ストレージ」の変更とライブラリの引っ越し

編集中にライブラリのあるディスクが満杯になってしまったら、どうすればよいでしょう？　そういうときに限って作品の完成期限が近づいているものです。そのような場合はあわてずに、次の手順を試してみましょう。

① レンダリングファイルなど不要なファイルを削除します。
② 「ストレージの場所」をほかのディスクに変更します。
③ 容量の大きいディスクを入手して、ライブラリ全体を引っ越します。

具体的な操作方法は以下の通りです。

レンダリングファイルを削除する

編集作業中に生成された不要なレンダリングファイルを削除します。

STEP1　ライブラリを選択し、「ファイル」メニューから「生成されたライブラリファイルを削除」を選択します。

STEP2　「生成されたライブラリファイルを削除」というダイアログが表示されます。「レンダリングファイルを削除」にチェックを入れ、「不要ファイルのみ」を選択します。

STEP3　「OK」をクリックすると、過去に生成されたレンダリングファイルが削除されます。容量があまり減らない場合は、再度「生成されたライブラリファイルを削除」を表示し、「すべて」を選択して実行します。

現在、開いているプロジェクトで生成されたレンダリングファイルも削除されます。エフェクトやタイトルを多く用いている場合は、これでかなり容量が減ります。

「ストレージの場所」をほかのディスクに変更する

編集素材やレンダリングファイルなどを収めておく場所を「ストレージ」と呼びます。編集素材は初期設定ではライブラリ内に収められますが、設定を変更することでライブラリの外に保存できます。

STEP1　ライブラリを選択し、「ファイル」メニューから「ライブラリのプロパティ」を選択します。インスペクタに「ライブラリのプロパティ」が表示されるので、「ストレージの場所」の「設定を変更」をクリックします。

STEP2　「メディア」のポップアップメニューから「選択」を選択し、新たなストレージを指定します。ここでは「exDrive」を選択しています。

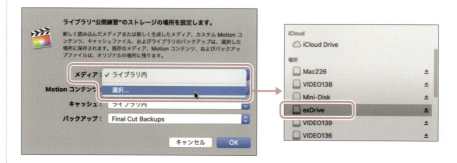

これで次に読み込まれる素材から「exDrive」に保存されるようになります。ただし、すでにライブラリに読み込んだファイルは移動しません。

STEP3　次に、レンダリングファイルの場所をほかのディスクに変更します。「キャッシュ」のポップアップメニューから新たなストレージを指定します。

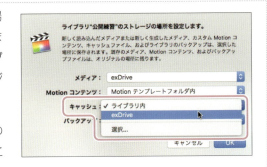

「キャッシュ」のポップアップメニューには、STEP2の「メディア」で選択したストレージが表示されます。ここではSTEP2と同じ「exDrive」を指定しています。

STEP4　「レンダリングファイルを移動しますか？」というダイアログが表示されます。既存のレンダリングファイルを移動する場合は「含める」を選択します。

これでレンダリングファイルもライブラリ外に保管されます。ライブラリ外に保存したレンダリングファイルはFinderでは「キャッシュ」としてアイコン表示されます。

←ライブラリ外に保存したレンダリングファイル

ライブラリを引越す

ライブラリを新しいディスクにコピーします。コピーをしたら、ライブラリ内にメディアをまとめておきます。ライブラリの引越しには時間がかかるので、余裕があるときに行いましょう。

STEP1　移動するライブラリを右クリックして、「Finderに表示」を選択します。または、ライブラリを選択し、「ファイル」メニューから「Finderに表示」を選択します。

移動するライブラリを右クリック

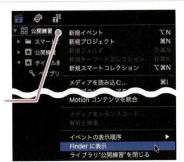

STEP2 Final Cut Pro Xを終了します。Finderに表示されたライブラリを引越し先のディスクにドラッグしてコピーします。

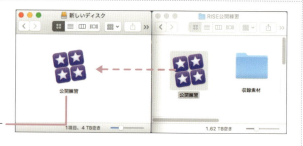

ライブラリを新しいディスクにドラッグしてコピー

STEP3 コピーしたライブラリをダブルクリックしてFinal Cut Pro Xで開きます。エラーメッセージが表示されずに問題なく開けることを確認します。

コピーしたライブラリ

問題がなければ、ライブラリの外に移動したメディアを再びライブラリの中にまとめます。

STEP4 コピーしたライブラリを選択し、「ファイル」メニューから「ライブラリのプロパティ」を選択します。

STEP5 インスペクタに「ライブラリのプロパティ」が表示されるので、「ストレージの場所」で「設定を変更」を選択します(→P.40)。

STEP6 表示されるダイアログで、「メディア」と「キャッシュ」のポップアップメニューから「ライブラリ内」を選択し、「OK」をクリックします。

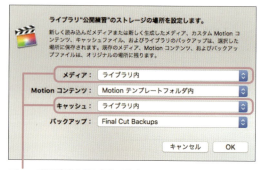

ストレージの設定を元に戻しておく

STEP7 「レンダリングファイルを移動しますか?」というダイアログが表示されるので「含める」をクリックします。

STEP8 ライブラリ内にメディアをまとめます。ライブラリを選択し、「ファイル」メニューから「ライブラリのプロパティ」を選択します。

STEP9 インスペクタに「ライブラリのプロパティ」が表示されるので、「メディア」の「統合」をクリックします。

STEP10 「ライブラリメディアを統合」ダイアログが表示されるので、「OK」をクリックします。

ライブラリの外に置かれていたメディアファイルがライブラリ内にまとめられます。これでライブラリの引越しは完了です。新しいライブラリに問題がなければ、古いライブラリは捨ててしまってかまいません。

Column
キャッシュ専用の
ストレージを活用する

レンダリングファイルなどをキャッシュとして専用のディスクにまとめることで、ライブラリの容量を抑えられます。SSDをRAID化するなど高速のストレージを用いればアクセス環境が向上し、レンダリング時間の短縮も期待できます。

キャッシュ専用のストレージを設定するには、ライブラリを選択し、「ファイル」メニューから「ライブラリのプロパティ」を選択します。

「ストレージの場所」で「設定を変更」を選択し、「キャッシュ」の場所を専用ディスクに設定します。

エフェクトやトランジションを多用し、レンダリングファイルが増える作品が多い方は、キャッシュ専用のストレージを用意してみてはいかがでしょうか?

1-3 ストーリーラインを使った編集テクニック

「ストーリーライン」とはFinal Cut Pro Xオリジナルの用語で、プロジェクトを開くと表示される編集用スペースのことです。ストーリーラインの特徴は、クリップ同士が磁石のようにピタリと付く「マグネティックタイムライン」、そして上下に配置したクリップが結びつく「クリップの接続」機能です。この2つがFinal Cut Pro Xをほかの編集ソフトにはないユニークなものにしているのです。ストーリーラインを活用して、映像編集のスキルをレベルアップしましょう。

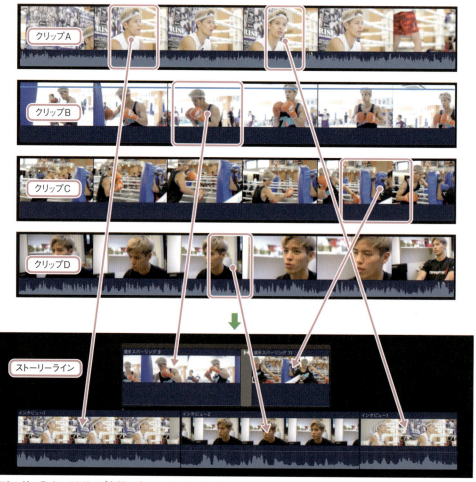

ストーリーラインでクリップを組み合わせて1本の作品にする

1 ストーリーラインの基本テクニック

はじめに編集の基本テクニックをおさえておきましょう。Final Cut Pro Xでは編集用の「プロジェクト」を作成して作業を行います。「プロジェクト」を開くとタイムラインウインドウが展開します。中央にある黒い帯が「基本ストーリーライン」です。ここにクリップを並べて編集を進めましょう。

プロジェクトを作成する

イベント内にプロジェクトを作成して、編集をスタートしましょう。

STEP1 プロジェクトを作成するイベントを右クリックし、表示されるメニューから「新規プロジェクト」を選択します。またはイベントを選択し、「ファイル」メニューから「新規」>「プロジェクト」を選択します。

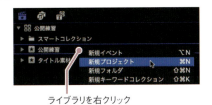

ライブラリを右クリック

STEP2 プロジェクトの設定が表示されます。「プロジェクト名」を入力します。編集に用いる映像クリップと同じでよい場合は「自動設定を使用」をクリックします。

❶**プロジェクト名**：新規に作成するプロジェクト名を入力します。
❷**イベント**：プロジェクトを作成するイベントを選択します。
❸**開始タイムコード**：プロジェクトの起点となるタイムコードを設定します。
❹**ドロップフレーム**：チェックを入れると実時間に合わせた「ドロップフレーム」（→P.340）でタイムコードが割り振られます。チェックを外すと「ノンドロップフレーム」が設定されます。
❺**ビデオ**：編集フォーマットを選択します。「カスタム」を選ぶと任意の画面サイズを設定できます。
❻**レンダリング**：編集中に生成する映像のコーデック（仕様）（→P.347）を設定します。
❼**色空間**：標準または広色域（ハイダイナミックレンジ）を選択します。広色域を選択する場合は、あらかじめライブラリの設定を「Wide Gamut HDR」に設定しておく必要があります。通常は「標準 - Rec. 709」を選択しておきます。

❽**オーディオ**：「チャンネル」としてステレオまたはサラウンドを選択します。「サンプルレート」として編集で用いる音声周波数を選択します。通常のビデオ編集では「ステレオ」/「48kHz」を選択します。

❾**自動設定を使用**：プロジェクトの設定を映像クリップに合わせる場合に選択します。

プロジェクトは最初にストーリーラインに置いたクリップのサイズやフレームレートなどに合わせて設定されます。

STEP3 「OK」をクリックすると、プロジェクトがイベント内に作成されます。

プロジェクトを作成すると、タイムラインウインドウが自動的に展開します。中央には黒い帯の「基本ストーリーライン」があります。

作成されたプロジェクト　　タイムラインウインドウ

基本ストーリーライン

ブラウザでクリップをプレビューする

ブラウザ内のクリップをプレビューして編集に用いるクリップを選びます。

STEP1 サイドバーからイベントを選択するとブラウザにクリップが表示されます。

クリップの表示方法には「フィルムストリップモード」と「リストモード」があります（→P.22）。使いやすいほうを表示してください。

↑「フィルムストリップモード」

↑「リストモード」

| STEP2 | ブラウザに表示されるクリップのサイズは「クリップのアピアランス」■で調整できます。 |

| STEP3 | ブラウザのクリップを左右にカーソルでなぞるとカーソルの位置に合わせて赤い再生ヘッド（スキマー）が表示され、すばやくプレビューができます。これを「スキミング」と呼びます。 |

| STEP4 | 「スキミング」はタイムライン右上の「スキミング」ボタン■、または「表示」メニューの「スキミング」でオン／オフできます。 |

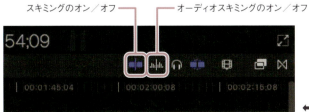

←タイムライン右上のスキミング設定ボタン

1-3 ストーリーラインを使った編集テクニック

基本ストーリーラインにクリップを配置する

ブラウザで編集に使うクリップを決めたら、基本ストーリーラインにドラッグして配置します。

STEP1 ブラウザから編集に使いたいクリップを選び、タイムライン内の基本ストーリーラインにドラッグします。

クリップは自動的に左に寄せて配置されます。使いたいクリップを順番に配置していきます。

ブラウザのクリップを基本ストーリーラインにドラッグ

STEP2 クリップの一部分を配置するには、はじめに使用範囲を設定しておきます。ブラウザのクリップの端をドラッグし、使い始めと使い終わりの範囲を設定します。またはキーボードの「I」キーで使い始め、「O」キーで使い終わりを設定します。

↑黄線の左右端からドラッグして範囲(黄色の線の枠内)を設定

STEP3 範囲内からドラッグして基本ストーリーラインに配置します。

タイムライン左上のボタンを使って基本ストーリーラインにクリップを配置することもできます。左から「接続」「挿入」「追加」「上書き」の順にボタンが並んでいます。クリップを基本ストーリーラインに並べていく場合は「追加」ボタンが適しています。

1-3 ストーリーラインを使った編集テクニック

接続　挿入　追加　上書き

> **Memo** ブラウザのクリップは「ソースクリップ」
>
> ブラウザからクリップをタイムラインに配置しても、ブラウザ内のクリップは移動せずに、そのままです。このときタイムライン上のクリップからみてブラウザ内のクリップは「ソースクリップ」、つまり参照元のクリップという位置づけになります。タイムラインにあるクリップの色やサイズを変えたりしても「ソースクリップ」は影響を受けません。

基本ストーリーラインのクリップを再生する

基本ストーリーラインのクリップを再生するには、再生ヘッドを動かすか、ビューアの「再生／停止」ボタンを使います。

STEP1 基本ストーリーラインの再生ヘッドを左右にドラッグすると、クリップの映像をビューアでプレビューできます。

STEP2 ビューアの「再生／停止」ボタン▶をクリックすると、再生ヘッドの位置から撮影時の速度でクリップが再生されます。再生／停止はキーボードのスペースキーでも実行できます。

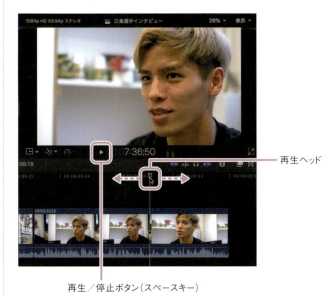

再生ヘッド

再生／停止ボタン（スペースキー）

クリップの表示サイズを調整する

タイムラインウインドウに配置されたクリップの表示サイズは「クリップのアピアランス」で調整します。

STEP1 「クリップのアピアランス」ボタン■をクリックして、「クリップのアピアランス」を表示します。

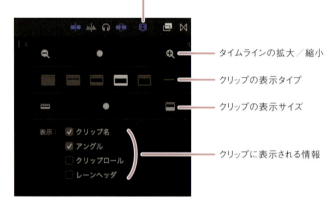

クリップのアピアランス
タイムラインの拡大／縮小
クリップの表示タイプ
クリップの表示サイズ
クリップに表示される情報

クリップの長さを調整する

基本ストーリーラインに配置したクリップの長さを調整して映像のタイミングを整えましょう。

STEP1 クリップの左端にカーソルを移動させます。カーソルの形状が に変化するので左右にドラッグします。

クリップの使い始めの位置が変わり、それに合わせてクリップの長さが変わります。

クリップの使い始め

STEP2 クリップの右端にカーソルを移動し、カーソルの形状が に変わったら、左右にドラッグします。

クリップの使い終わりの位置が変わります。

クリップの使い終わり

クリップの端が赤色で表示されると、クリップの終端となります。素材がここまでしかないので、これ以上に長くすることはできません。

クリップの終端

クリップの音量を調整する

基本ストーリーラインに配置したクリップの音量を調整します。収録中に急に大きな音が混じってしまった場合などは一部の音量を下げて調整しましょう。

STEP1 はじめに音量を調整しやすいようにクリップの表示を変えておきます。「クリップのアピアランス」■で表示オプションから波形部分を大きく表示するアイコン■を選びます。

オーディオ波形を大きく　　クリップのアピアランス

51

STEP2 クリップ全体の音量を変えるには、「音量コントロール」の線を上下にドラッグします。

「音量コントロール」を上下にドラッグ

STEP3 クリップの一部の音量を変えるには、タイムライン左上にある「ツール」ポップアップメニューから「範囲選択」ツール◯を選んでおきます。

「ツール」ポップアップメニュー

STEP4 音量を変えたい部分を範囲選択し、「音量コントロール」の線を上下にドラッグすると範囲選択した部分の音量が変わります。

ドラッグして範囲を指定

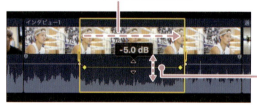

「音量コントロール」を上下にドラッグすると範囲選択内だけ変化する

STEP5 「音量コントロール」にはコントロールポイントがキーフレームとして設定されます。コントロールポイントはあとからドラッグして動かすことができます。

なお、「option」キー+クリックでコントロールポイントを追加することもできます。

コントロールポイントをドラッグ

コントロールポイント、キーフレームについては次ページのコラム「キーフレームとコントロールポイント」を参照してください。

Column
キーフレームと
コントロールポイント

動きの起点となる「キーフレーム」

映像の編集では画面を動かしたり、音量を変えたり、時間とともに変化や動きを設定する場合があります。この変化や動きの起点となるのが「キーフレーム」です。

タイムラインで「キーフレーム」として表示される点を「コントロールポイント」と呼びます。同じクリップでも映像とオーディオでは「コントロールポイント」の表示が異なります。

映像では、あらかじめ「キーフレーム」を設定したクリップを右クリックし「ビデオアニメーションを表示」を選択すると「コントロールポイント」を確認できます。「コントロールポイント」はドラッグして前後に移動できます。

オーディオではクリップに表示されている「音量コントロール」を「option」キーを押しながらクリックすると「コントロールポイント」が設定されます。「コントロールポイント」をドラッグすると、音量の変化を調整することができます。

「キーフレーム」について詳しくはP.121「2-3『キーフレーム』でモーションを作成する」を参照してください。

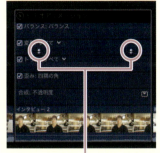

コントロールポイント

音量コントロール　コントロールポイント

クリップの位置を調整する「マグネティックタイムライン」

ストーリーライン上に並べられたクリップはドラッグで順番を入れ替えられます。クリップを移動すると、隣接したクリップが隙間を埋めるように自動的に移動します。この機能を「マグネティックタイムライン」といいます。

STEP1 図のようにクリップが基本ストーリーラインに並んでいます。左端のクリップを選択し、右方向にドラッグします。

クリップをドラッグ

ドラッグしたクリップは右端に移動します。残りのクリップが左に移動します。このように、ストーリーラインにあるクリップは左に詰めて並ぶように設定されています。

左にずれたクリップ　　　　　　　　　　　　　　右端に移動したクリップ

STEP2　次に右から2番目のクリップを左にドラッグして移動してみましょう。

クリップをドラッグ

移動中のクリップが元の位置にあったクリップを押しのけるように配置されます。元の位置にあったクリップは右に移動して、位置が入れ替わります。

位置が入れ替わる

STEP3　今度はクリップを削除してみましょう。並んでいるクリップの1つを選択し、キーボードの「delete」キーを押します。

選択して「delete」キーを押す

クリップを削除すると、右側のクリップが左に移動して間隙を埋めます。

左詰めで位置が移動する

2 | クリップを結びつける「クリップの接続」

基本ストーリーラインのクリップにほかのクリップを重ねると「クリップの接続」という状態になります。このとき、下のクリップを移動すると上のクリップもあわせて移動します。Final Cut Pro Xならではの機能です。

STEP1 ストーリーラインに並んでいるクリップにブラウザから任意のクリップを選択し、上に重ねるように配置します（下図左❶）。

この部分を再生すると、映像は下のクリップから上のクリップに切り替わり、上のクリップの終わりで下のクリップに戻ります（下図右❹❸❻）。つまり、上のクリップは下のクリップを覆い隠しているのです。

上のクリップ B を上方向に動かしてみると、下のクリップ A と1本の線でつながっていることがわかります。このつながっている箇所のことを「接続ポイント」といいます。また、基本ストーリーラインにあるクリップを「親クリップ」、接続されたクリップのことを「子クリップ」といいます。
基本ストーリーラインにあるクリップだけが親クリップになることができます。

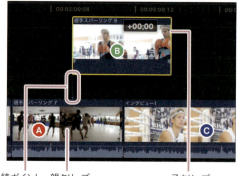

STEP2 それでは、クリップ同士がどのように接続しているのか見てみましょう。親クリップをドラッグして移動します。

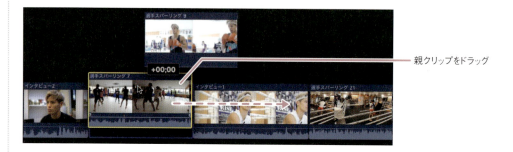

親クリップをドラッグ

すると子クリップも同時に移動します。このように、子クリップは親クリップと「接続」しているのです。

子クリップも親クリップと一緒に移動する

子クリップを移動させて、接続ポイントの位置が変わると、親クリップが変わります。

接続ポイント

親クリップ

「option」+「⌘」キーを押しながら、子クリップの元の親クリップと重なっている位置をクリックすると接続ポイントの位置が移動し、元の親クリップと接続し直せます。ただし、親クリップ上から外れてしまうと接続できません。

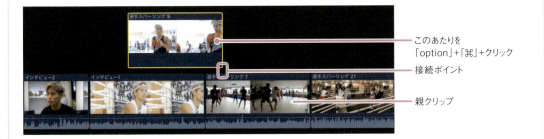

このあたりを「option」+「⌘」+クリック
接続ポイント
親クリップ

3 クリップをまとめる「ストーリーライン」と「複合クリップ」

編集が複雑になってくると、タイムラインに並ぶクリップの数が多くなり、見にくくなってきます。「ストーリーライン」と「複合クリップ」はタイムライン上のクリップを操作しやすいようにまとめる機能です。

子クリップからストーリーラインを作成する

複数の子クリップを1つのストーリーラインにまとめて整理できます。

STEP1 並んでいる子クリップを選択して右クリックし、表示されるメニューから「ストーリーラインを作成」を選択します。または、子クリップを選択して「⌘」+「G」を押します。

子クリップを選択して右クリック
接続ポイント

クリップに黒い帯が表示され、ストーリーラインが作成されます（次ページ図）。ストーリーラインは基本ストーリーラインのミニ版として機能します。基本ストーリーラインと同様に、ストーリーライン上で編集したり、トランジションを追加したりできます。また、接続ポイントはまとめられて1つになります。

トランジションを追加　　作成されたストーリーライン　　トランジションを追加

接続ポイント

STEP2 ストーリーラインからクリップを外すにはストーリーライン内のクリップを右クリックし、表示されるメニューから「ストーリーラインからリフト」を選択します。

ストーリーラインから外したいクリップを選択して右クリック

複合クリップを作成する

複合クリップは、複数のクリップを単独のクリップとして扱えるようにする機能です。複数のクリップをまとめることで、タイムラインがすっきりします。

STEP1 「複合クリップ」にまとめるクリップを選択して右クリックし、表示されるメニューから「新規複合クリップ」を選択します。ここでは基本ストーリーラインの2つのクリップと接続した2つのクリップの計4つのクリップを選択しています。

STEP2 複合クリップ名を入力し、「OK」をクリックします。

クリップがまとめられ、1本の「複合クリップ」が作成されます。「複合クリップ」は通常のクリップと同様にエフェクトやトランジションを設定できます。

作成された複合クリップ

STEP3 「複合クリップ」をダブルクリックすると独自のタイムラインが開き、クリップを編集できます。元のプロジェクトのタイムラインに戻るには「タイムライン履歴を戻る」ボタン<をクリックします。

タイムライン履歴を戻る

↑複合クリップのタイムライン

複合クリップを作成すると、ブラウザ内にソースクリップが作成されます。一般のクリップと同様にストーリーラインにドラッグして使えます。複合クリップのソースクリップにはマーク🗒が付いています。

通常のクリップ　複合クリップのマーク

STEP4 複合クリップを元のクリップに戻すには、複合クリップを選択し、「クリップ」メニューから「クリップ項目を分割」を選択します。

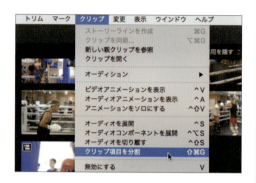

複合クリップを選択

クリップは元の構成に戻ります。

ここまで、ストーリーラインの基本テクニックをひと通り紹介してきました。クリップ、基本ストーリーライン、再生ヘッドなどFinal Cut Pro X独特の用語はしっかり覚えておきましょう。

次節から、実例に則した編集テクニックを紹介していきます。

1-4
サクサク編集テクニック
―その1

ここからは、具体的な編集事例を用いて実践テクニックを紹介しましょう。まずはインタビュー動画をすばやく編集していく方法です。インタビューでは1つのクリップ内に「質問」と「答え」が交互に収録されています。「質問」部分と「答え」の不要な箇所をカットするとスッキリまとまります。再生しながら、テキパキと編集していきましょう。

インタビュー動画

ショートカットを活用して使用範囲を細かく選んでつないでいく

1 オーディオを調整する

はじめにオーディオの調整?と思うかもしれません。でも、これが重要なポイントなのです。バラバラにカットしてしまう前に、音量やノイズなどのベースとなる処理をしておくとあとが楽になります。登場人物の語りがきれいに聞こえるようにオーディオを調整しておきましょう。

STEP1 まず、クリップの音量を調整します。ブラウザで編集するクリップを選択します。

STEP2 「インスペクタ」を表示して、「オーディオ」タブ🔊を開きます。「ボリューム」スライダーを動かして音量を調整します。

目安としてはクリップの波形を見て、音量過多によって赤色表示になっている部分を減らすようにします。ここではあくまで全体の音量の補正ということで、細かい音量の調整は基本ストーリーラインで行います。

オーディオを「自動補正」する

ノイズや騒音があって聞きにくい場合は自動補正を実行しておきます。

STEP1 ブラウザで編集するクリップを選択し、ビューア下の「補正」ポップアップメニューから「オーディオを自動補正」を選択します。

STEP2 「オーディオ」インスペクタを選択し、「オーディオ補正」の「表示」をクリックします。

STEP3 「オーディオ解析」右端の「表示」をクリックし、補正項目を表示します。

自動補正が適用されたため、「イコライゼーション」「ラウドネス」「ノイズ除去」「ハムの除去」の各項目に緑色のチェックマークが付いています。これは「修復済み」のマークです。
クリップを再生し、スピーカーやヘッドホンで聴いて問題がなければこのままでOKです。

STEP4 さらに調整が必要な場合は、「イコライゼーション」「ラウドネス」「ノイズ除去」「ハムの除去」の項目にチェックを入れ、パラメータ（設定値）を調整します。

❶「**イコライゼーション**」：グラフィックイコライザです。右端の をクリックするとイコライザの設定パネルが開き❷、低音から高音までの各周波数帯のレベルを調整できます。
パネル左上のポップアップメニューからプリセットを選択することもできます。たとえば「ボコボコ」というような低音域のノイズがある場合、プリセットから「低音軽減」を選択するとノイズが低減します。
❸「**ラウドネス**」：コンプレッサーの簡易版です。「量」の値を上げるとクリップ全体のボリュームが上がります。「均一性」は小さなレベルの音量を持ち上げることで、聞き取りやすくします。ただし、ノイズ成分の音量も上がります。
❹「**ノイズ除去**」：周囲の環境ノイズを取り除くフィルタです。ノイズキャンセリングヘッドホンのように、常に録音されているノイズ成分を解析して除去します。適用する「量」を多くしすぎると聞きたい部分の音質も変わってしまうので、ほどほどにしましょう。
❺「**ハムの除去**」：主に電源ノイズが原因の「ブーン」という低音を低減します。50Hzか60Hzのどちらかの周波数を選びます。

Column
ステレオとデュアルモノ

インタビュー動画などで音声を専用マイクで収録する場合に、カメラの1chにインタビュー用マイク、2chにカメラ付属のマイクというように、チャンネル別にマイクを割り振って収録すると、左右のスピーカーから異なるマイクの音が再生されることになります。このような場合、「オーディオ」インスペクタの「オーディオ構成」セクションで、「チャンネル」ポップアップメニューから「デュアルモノ」を選択すると、マイク音がミックスされ、左右同じ音量で再生できるようになります。また、一方のチャンネルの音を使用しないという場合は、音声トラックのチェックボタンを外しておきます。

不要なチャンネルはチェックを外しておく

2 | ブラウザでクリップ内の使う範囲を選択する

インタビューや講演会のように、途切れなく撮影された長時間のクリップは、使いたい箇所が複数あるのが一般的です。ここではOKカットを範囲選択し、基本ストーリーラインにまとめて配置する方法を紹介します。

STEP1 最初の使用範囲を設定します。ブラウザ内でクリップを再生し、使い始めの箇所で「I」キーを押します。

これで「イン点」が指定されます。

STEP2 続けて再生し、使い終わりの箇所で「O」キーを押します。

これで「アウト点」が指定されます。選択した範囲が黄色い枠で表示されます。

イン点：「I」キー　アウト点：「O」キー

Memo 「イン点」と「アウト点」

「イン点」と「アウト点」は編集用語です。編集素材の使い始めの箇所を「イン点」と呼びます。また、使い終わりの箇所を「アウト点」と呼びます。

STEP3　2つ目の使用範囲を選択します。ブラウザ内でクリップを再生し、使い始めの場所で今度は「shift」+「⌘」キー+「I」キーを押します。

STEP4　続いて、使い終わりの箇所で「shift」+「⌘」キー+「O」キーを押します。

2つ目の使用範囲

イン点　　　　　　アウト点
「shift」+「⌘」キー+「I」キー　「shift」+「⌘」キー+「O」キー

STEP5　同様にして残りの指定範囲を選択していきます。

以下の例では4箇所の範囲を指定しています。

Memo　範囲選択を解除する

範囲を削除したい場合は範囲内を選択し、「マーク」メニューから「選択範囲を解除」を選択します。

STEP6　選択した範囲は端をドラッグして変更できます。

範囲選択した箇所を基本ストーリーラインに追加する

範囲選択したクリップの箇所を基本ストーリーラインに追加しましょう。

STEP1 範囲選択した箇所を選択します。

STEP2 選択した箇所が太い黄色枠で指定されます。この状態で「E」キーを押すと基本ストーリーラインに黄色枠の箇所が追加されます。

範囲選択された枠内をクリックして「E」キーを押す

基本ストーリーラインに範囲選択部分が追加される

複数の範囲を選択するには、「⌘」キーを押しながらクリックします。「E」キーを押すと、まとめて基本ストーリーラインに追加されます。

Memo 「J」「K」「L」「→」「←」キーを活用しよう

「スペース」キーで再生／停止はよく知られていますが、「J」「K」「L」のショートカットキーも知っておくと便利です。インタビューやセミナーなど長いクリップの場合、倍速で再生することですばやく作業を進められます。Final Cut Pro Xに限らず、多くの編集ツールで共通のショートカットキーです。

キー	機能
K	停止
L	順再生。繰り返し押すとそのたびに倍速で再生
L+K	スローモーション再生

キー	機能
J	逆再生。繰り返し押すとそのたびに倍速で逆再生
J+K	スローモーションで逆再生
→	1フレームずつ再生
←	1フレームずつ逆再生

STEP3　すべての範囲選択をまとめて基本ストーリーラインに追加するには、範囲選択されていない部分をクリックして、「E」キーを押します。

範囲選択されていない部分をクリックすると、範囲選択がすべて選択されます。「E」キーを押すと、まとめて基本ストーリーラインに追加されます。

範囲選択部分がすべて選択される
範囲選択されていない部分をクリック

3 | 基本ストーリーラインで不要な箇所をカットする

前述の方法はブラウザで内容を確認しながらOK範囲を決めました。ここでは、基本ストーリーラインでクリップのNG範囲を決め、削除していく方法を紹介しましょう。キーボードの操作だけで作業を進められるので、慣れるとすばやくザクザクと切り落としていくことができます。

STEP1　ブラウザからクリップを選択し、キーボードの「E」キーで基本ストーリーラインに追加します。

クリップをクリックして「E」キー　→　クリップ全体が基本ストーリーラインに追加される

STEP2　はじめにクリップの開始箇所を決めます。再生ヘッドを開始フレームに合わせ、「shift」+「[」キーを押します。または、「トリム」メニューから「トリム開始」を選択します。

再生ヘッドより前の部分が削除されます。

「shift」+「[」キー（または「トリム開始」）で再生ヘッドから前の部分が削除される

| STEP3 | 次に、クリップを再生しながらNG範囲を決めていきます。「I」キーでクリップの使い終わり（アウト点）を、「O」キーで使い始め（イン点）を設定します。 |

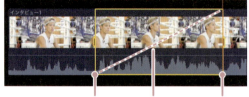

| STEP4 | 「delete」キーを押します。 |

選択した範囲が削除され、残ったクリップの間が詰まります。

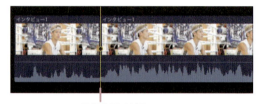

| STEP5 | 同様にして、不要な箇所を選択し「delete」キーで削除していきます。 |

| STEP6 | これ以降は不要という場合は、そのフレームに再生ヘッドを合わせ、「shift」+「]」キーを押します。または、「トリム」メニューから「トリム終了」を選択します。 |

「「shift」+「]」キー（または「トリム終了」）　　再生ヘッドから後ろの部分が削除される

図のように「OK」部分だけがまとまりました。「NG」の範囲が明確な場合は、このようにクリップの始めからザクザクと処理をしていくと、早く仕上がります。

カット間の切り替えのタイミングは、「クリップのアピアランス」■でタイムラインの表示を拡大して微調整します。

クリップのアピアランス
タイムラインの表示を拡大／縮小
クリップのつなぎ目（編集点）を調整

「ブレード」ツールでクリップを分割する

カミソリアイコンの「ブレード」ツールを使って、NG範囲を削除することもできます。クリップの切り取り線が視認できるので、「ブレード」ツールを好むユーザーも多いようです。自分のやり方に適した方法を選んでください。

STEP1 あらかじめ、タイムライン右上にある「スナップ」ツール■をオンにしておきます。

「スナップ」ツールをオン

これで「ブレード」ツールが再生ヘッドにスナップ＝張りつくようになります。

STEP2 タイムライン左上にある「ツール」ポップアップメニューから「ブレード」ツール■を選択します。または「B」キーを押して「ブレード」ツールに切り替えます。

STEP3 クリップの一部を切り取ってみましょう。まず、クリップを切り取りたい位置に再生ヘッドを移動します。

STEP4 「ブレード」ツールを再生ヘッドに合わせてクリックすると（または「⌘」＋「B」キーを押すと）、クリップが分割されます。

マウスカーソルを基本ストーリーライン内のクリップに入れると、カーソルの形状が◆に変化します。この状態で再生ヘッド上をクリックします。

「ブレード」ツールでクリック

1-4 サクサク編集テクニック――その1

STEP 5 続けて再生ヘッドを移動して、「ブレード」ツールをクリックし、分割します。これでクリップが3分割されます。

クリップの分割線　　　「ブレード」ツールでクリック

STEP 6 「ツール」ポップアップメニューから「選択」ツール を選択します。削除したい箇所（図では3分割の中央の部分）をマウスで選択し、「delete」キーを押します。

選択した範囲が削除され、後続のクリップが前に移動します。

分割した部分を選択して「delete」キーを押す　　　後続のクリップが前に移動する

STEP 7 同様にして「ブレード」ツールで分割、「delete」キーで削除を繰り返します。操作に慣れてきたら、不要箇所を先に分割してしまい、「⌘」キーを押しながら複数選択し、「delete」キーで一気に削除していくと効率的です。削除する箇所が多い場合は、間違えないようにマーカーなどを設定しておくとよいでしょう。

↑○の箇所を「ブレード」ツールで分割した

↑「⌘」キーを押しながら不必要な箇所を複数、選択

「delete」キーを押す

↑「delete」キーを押すと、選択した部分がまとめて削除され、OKの部分が残る

いかがでしょうか？
YouTubeの人気投稿動画は、コメントの間を詰めることでテンポよく進行していきます。Final Cut Pro Xの「マグネティックタイムライン」を活用して、動画をバッサリとクールに編集していきましょう！

C o l u m n
クリップに目印を付ける「マーカー」

クリップに付けておく目印が「マーカー」です。あとでカットする部分やタイトルを置く目安として使います。マーカーは、再生ヘッドの位置でキーボードの「M」キーを押すか、「マーク」メニューの「マーカー」＞「マーカーを追加」を選択すると設定されます❶。クリップの「マーカー」をダブルクリックすると、設定画面が表示され、「マーカー」の種類を選ぶことができます❷。「マーカー」には3つの種類があります。

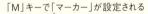

「M」キーで「マーカー」が設定される

Ⓐ **通常のマーカー**：クリップにマーキングするだけの単純なマーカーです。青色で表示されます。

Ⓑ **「To Do」マーカー**：赤色で表示されますが、タイトルを作るなど、目的を達成したときにマーカーをダブルクリックして「完了」にチェックを入れると緑色に変わります。

Ⓒ **「チャプタ」マーカー**：BDディスクなどを作成したときに、チャプタの位置になります。橙色で表示されます。

「マーカー」をダブルクリック

「チャプタ」マーカーのサムネール設定

「チャプタ」マーカーをクリックすると表示される丸いピン●はドラッグして任意の位置に移動できます。このピン●はサムネール画像の設定ポイントです。ディスクを作成したときに、設定ポイントの画像がサムネールとして表示されます。

サムネール画像の設定ポイント
「チャプタ」マーカー

71

1-5 サクサク編集テクニック ——その2

映像の進行中に、別の映像を挿入することを「インサート」といいます。インサートは映像にメリハリをつけ、飽きさせない効果があります。ここではインタビューの映像に練習風景の映像をインサートする方法を紹介します。ショートカットを覚えて、手早く編集しましょう。

インタビュー動画

練習風景の動画

インタビュー動画に練習風景の動画をインサート編集

練習風景の動画　　インタビュー動画

1 | イベントビューアでクリップを確認する

1-5

「イベントビューア」はその名の通り、イベント内のクリップ専用のビューアです。「イベントビューア」を表示すると、通常の「ビューア」は現在開いているタイムラインの専用ビューアとなります。ブラウザとタイムライン両方をビューアで確認、比較しながら最適なクリップを選べます。

STEP1 「ウインドウ」メニューから「ワークスペースに表示」>「イベントビューア」を選択します。

「ビューア」の左に「イベントビューア」が表示されます。ブラウザ内のクリップを選択すると、その内容を「イベントビューア」でプレビューできます。

ブラウザでプレビューしたい　　　　ブラウザで選択したクリップを　　　　タイムラインのプロジェクトを
クリップを選択　　　　　　　　　　プレビューするイベントビューア　　　プレビューするビューア

ビューアでプレビュー表示

サクサク編集テクニック──その2

73

2 「3点編集」でインサート編集を行う

基本ストーリーラインで映像がインサートされる「イン点」と、インサート用のクリップの「イン点」と「アウト点」の3つを決めて、インサート編集を行うテクニックを「3点編集」と呼びます。ここでは選手のインタビュー映像に、練習風景の映像を3点編集を用いてインサートしてみます。

STEP1 タイムライン内の基本ストーリーラインにクリップが並んでいます。別クリップをインサートをする箇所＝「イン点」に再生ヘッドを合わせます。

再生ヘッドの位置がタイムラインのイン点になる

STEP2 ブラウザ内の練習風景のクリップからインサート用のクリップを選びます。

クリップを再生すると「イベントビューア」に内容が表示されます。

STEP3 クリップの左端を右にドラッグし、使い始めの箇所＝「イン点」を決めます。次にクリップの右端を左にドラッグし、使い終わりの箇所＝「アウト点」を決めます。

これで3点が決まりました。

クリップのイン点　　クリップのアウト点　　イベントビューアでプレビュー

STEP4 タイムライン上部にある「接続」ボタン🔲をクリックします。基本ストーリーラインにインサート用のクリップが接続されます。

再生ヘッドは自動的に接続したクリップの終端に移動します。ここは次のインサートの「イン点」になります。

STEP5 同様にしてブラウザからインサート用のクリップを選択し、「イン点」と「アウト点」を決めて基本ストーリーラインに接続していきます。

この例では3つのクリップを接続しました。この部分を最初から再生すると、インタビューの画面から練習風景に映像が切り替わります。インタビューの音声はそのまま継続して再生され、練習風景の音とミックスされます。

ショートカットで手早く編集する

3点編集のショートカットキーを覚えておくと、キーボードから手を離さずに、画面に視線を集中して作業できるので、より効率的に編集できます。

まず、よく使うウインドウの切り替えのショートカットキーを以下に示します。

キー	機能
「⌘」+「1」	ブラウザへ移動
「⌘」+「2」	タイムラインへ移動
「⌘」+「3」	ビューアへ移動

このうち、3点編集では「⌘」+「1」と「⌘」+「2」を交互に使用します。次に、ショートカットキーの使用例を示しましょう。

①タイムラインで「イン点」を決める

・「⌘」+「2」でタイムラインをアクティブにします。

・タイムライン上で再生ヘッドを移動させ、「イン点」となる位置を決めます。このとき、「スペース」キーで再生／停止を行うほか、「J」「K」「L」キーを用いるとプレビューがスムーズに行えます。

「J」「K」「L」キーの使い方についてはP.66の「『J』『K』『L』『→』『←』キーを活用しよう」を参考にしてください。

②ブラウザでクリップの「イン点」と「アウト点」を決める

・「⌘」+「1」で「ブラウザ」をアクティブにします。

・キーボードの「↑」「↓」キーでクリップを選択します。

・クリップ上で再生ヘッドを移動させ、「イン点」と「アウト点」を決めます。タイムラインと同様に、再生関連のショートカットキーが使えます。

③クリップを基本ストーリーラインのクリップに接続する

・「Q」キーを押すとブラウザ内で選択したクリップが基本ストーリーラインのクリップに接続します。

これを繰り返します。このように一連の操作はすべてショートカットキーだけで行えます。

もちろん、ショートカットキーを使って操作しなくてはいけない、ということはありません。マウスやトラックパッドの操作とあわせて、自分のやりやすい方法で編集をすることをおすすめします。

また、イベントビューアは不必要なときは表示をオフにして、限られたワークスペースを有効に活用するようにしましょう。

3 | クリップの音声をまとめて下げる

インタビューの音声が聞き取りやすいように、インサートした練習風景のクリップの音量を下げておきましょう。

STEP1 接続したクリップを選択します。「Shift」キーを押しながら複数のクリップを選択することもできます。

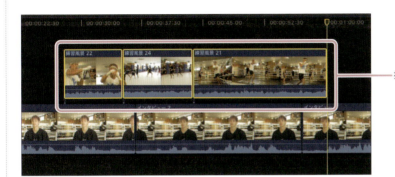

接続したクリップをまとめて選択

STEP2 インスペクタが表示されていない場合は、■をクリックして表示します。インスペクタの「オーディオ」タブを開いて、「ボリューム」スライダーを下げます。

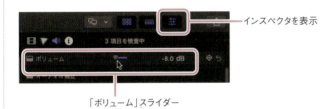

インスペクタを表示

「ボリューム」スライダー

選択したクリップの音声がまとめて下がります。

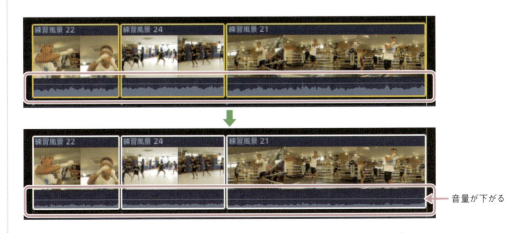

音量が下がる

4 ストーリーラインや複合クリップに変換して加工する

インサートしたクリップを編集／加工するには、ストーリーラインや複合クリップの形にしておくと便利です。

STEP1 クリップをストーリーラインにまとめるには、目的のクリップを選択し、「⌘」+「G」キーを押します。

ストーリーラインでは、クリップ間にディゾルブを設定したり、トリミングして長さを調整したりできます。

ドラッグして長さを調整

STEP2 ストーリーライン内に複合クリップを作成するには、ストーリーライン内のクリップを選択し、右クリックで「複合クリップ」を選択します。

複数のクリップを1つにまとめた複合クリップがストーリーライン内に作成されました。両端にトランジションの「クロスディゾルブ」（→P.190）を設定しておくと、インサート映像がディゾルブイン／ディゾルブアウトします。

ディゾルブを追加　　ストーリーライン内の複合クリップ　　ディゾルブを追加

複合クリップのサイズを変える

1-5

サクサク編集テクニック ── その2

STEP1 再生ヘッドを作成した複合クリップの位置に移動させ、ビューアでプレビュー表示します。

STEP2 複合クリップを選択し、ビューアの「変形」プルダウンメニューから「変形」を選択します。

接続した複合クリップ

ここをクリックして「変形」を選択

STEP3 ビューアで画面の四隅をドラッグして、複合クリップのサイズを調整します。また、クリップをドラッグすると位置を調整できます。

ピクチャーインピクチャー（小画面）

クリップ内をドラッグすると移動できる

端をドラッグしてサイズを調整

このように、ピクチャーインピクチャー（子画面表示）を簡単に作成できます。

79

STEP4 クリップの位置やサイズはインスペクタの「ビデオ」タブ内の「変形」でスライダーや数値を入力して調整することもできます。

「ビデオ」タブ　「変形」

再生ヘッド

STEP5 「複合クリップ」を元のクリップに戻すには、「複合クリップ」を選択し「クリップ」メニューから「クリップ項目を分割」を選択します。

ストーリーライン内の複合クリップは元のクリップに戻ります。このとき、複合クリップに設定したエフェクトは解除されます。

複合クリップを選択し「クリップ」メニューから「クリップ項目を分割」　　　元のクリップに戻る

「クリップの接続」もFinal Cut Pro Xならではの機能です。「クリップの接続」を活用することで、これまでは複雑だったインサート編集をストレスなく実行できます。基本の編集テクニックとしてしっかり身につけておきましょう。

Chapter 1　ベーシック編集テクニック

1-6 ミュージックビデオの編集テクニック

音楽に合わせて映像を編集していくテクニックを紹介します。基本ストーリーラインにオーディオクリップを乗せ、拍子に合わせて編集します。前節の「3点編集」の応用編といえるでしょう。

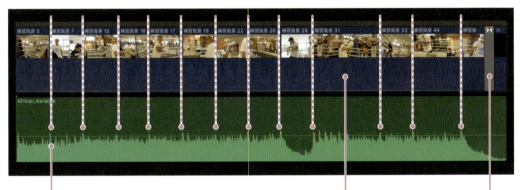

音の拍(ビート)の箇所と動画のタイミングを合わせる

音の拍(ビート)の箇所と動画のタイミングをあわせる

わざと切り替えないカット

フリーズフレームを挿入して余韻を残す

再生ヘッド

波形の山が見やすくなるようにタイムラインの表示範囲を調整

1 オーディオクリップを基本ストーリーラインに配置する

STEP1 新規にプロジェクトを作成し、使用する音楽を選択します。下図ではサイドバーを「写真とオーディオ」タブにして、「ミュージック」のライブラリから選択しています。

楽曲を選択

STEP2 楽曲をプロジェクトのタイムラインにドラッグします。プロジェクトを「自動設定を使用」（→P.45）で作成している場合は、プロパティを設定するダイアログが表示されるので、プロジェクトの映像フォーマットを設定します。

映像フォーマットを設定

STEP3 基本ストーリーラインにオーディオクリップが配置されました。オーディオの波形がわかるように「クリップのアピアランス」で「表示オプション」を「波形を大きく表示」に変更しておきます。

基本ストーリーラインのオーディオクリップ

2 | クリップを音楽に合わせるテクニック

1-6 ミュージックビデオの編集テクニック

音楽に合わせてクリップを接続する

音楽に合わせてクリップを配置していきましょう。

STEP1　サイドバーを「ライブラリ」に変更し、イベント内に読み込んだクリップの「イン点」と「アウト点」を設定して、基本ストーリーラインのオーディオクリップに接続します。

タイミングはあとで調整するので、ここでは大雑把にクリップを並べていきます。

ライブラリ　　接続するクリップを選択

クリップを基本ストーリーラインのオーディオクリップに接続

STEP2　この例ではクリップのサウンドは使わないので音量をオフにしておきます。基本ストーリーラインに接続したクリップをまとめて選択します。インスペクタの「オーディオ」タブを開いて「ボリューム」スライダー(→P.62)を左端に移動し、音量を「-∞」にしてミュート状態にします。

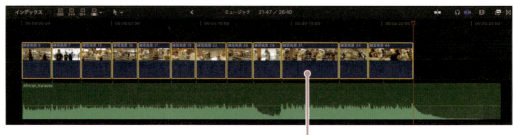

クリップの音量をまとめて下げる

音楽の拍子に合わせてクリップを編集する

波形を見ながら音楽に合わせてクリップのタイミングを調整します。

STEP1 接続したクリップをすべて選択して右クリックし、表示されるメニューから「ストーリーラインを作成」を選択します。

クリップをまとめた1本のストーリーラインが作成されます。

接続したクリップをストーリーラインにまとめる

STEP2 「クリップのアピアランス」■を開き、タイムラインを拡大してクリップの編集点（つなぎ目）を調整しやすくします。

タイムラインを拡大

クリップの編集点

STEP3 「ツール」から「トリム」を選択します。タイムラインを再生し、音の拍（ビート）の箇所に再生ヘッドを合わせます。

一般的に、波形表示で波が最も高い部分に拍が合っていることが多いので、波形をみてタイミングを合わせてもよいでしょう。

ビートの山に再生ヘッドを移動

STEP4 「トリム」ツールで編集点（クリップの間）を選択し、再生ヘッドの位置までドラッグします。

このとき、編集点の左のクリップの終わり（アウト点）と右のクリップの始まり（イン点）が同時に変わります。したがって、ほかの編集点のタイミングが変わることはありません。

トリムツールで再生ヘッドの位置に編集点を移動

STEP5 続いて、次の編集点のタイミングも調整します。

慣れてくると再生ヘッドを置かなくても、波形に合わせて編集点をすばやく移動できるようになります。このように、編集点を前後に移動させる手法を「ロール編集」と呼びます。

トリムツールで再生ヘッドの位置に編集点を移動

スリップ編集

編集点の調整が終わったら、クリップの使用する範囲を調整しましょう。

STEP1 引き続き「トリム」ツールを用います。調整するクリップの中央にカーソルを移動させ、左または右にドラッグします。

前後の編集点は変わらずに、クリップの使い始め（イン点）と使い終わり（アウト点）が前後に変わります。このような手法を「スリップ編集」と呼びます。このときビューアには、選択したクリップのイン点とアウト点が表示されます（ツーアップ表示）。

選択したクリップのイン点が表示される　　選択したクリップのアウト点が表示される

クリップを選択して左右にドラッグ

スライド編集

STEP1 「option」キーを押しながらトリムツールをクリップの中でドラッグすると、クリップ自体が前後にスライド移動します。これを「スライド編集」と呼びます。

このときビューアには前のクリップのアウト点と次のクリップのイン点が表示されます。

前のクリップのアウト点が表示される　　次のクリップのイン点が表示される

クリップを選択し「option」キーを押しながら左右にドラッグ

1-6 ミュージックビデオの編集テクニック

クリップを置き換える

ストーリーライン内のクリップをほかのクリップに置き換えてみましょう。方法は簡単で、ブラウザ内で新たなクリップを選んで、ストーリーライン内のクリップにドラッグするだけです。

STEP1 　はじめにブラウザで新たなクリップのイン点を決めておき❶、ストーリーラインの置き換えたいクリップ内にドラッグします❷。

ブラウザで置き換えるクリップを選んで、イン点を決める

置き換えたいクリップにドラッグ

87

STEP2 ポップアップメニューから「始点から置き換える」を選択します。

クリップがブラウザで設定したイン点を起点に置き換わります。オーディオは使わないので音量は下げておきましょう。

なお、置き換えるときのポップアップメニューから「終点から置き換える」を選択すると、クリップのアウト点を起点としてクリップが置き換わります。

置き換わったクリップ

> **Memo クリップの置き換えではエフェクトは置き換わらない**
>
> 「クリップの置き換え」では古いクリップに設定されたエフェクトは新しいクリップに引き継がれません。古いクリップのエフェクトを新しいクリップに適用したい場合は、はじめに古いクリップを選択して「⌘」+「C」キーでクリップをコピーしておきます。そのうえでクリップの置き換えを行います。新しいクリップを選択し、「編集」メニューから「エフェクトをペースト」を選択します。古いクリップのエフェクトが新しいクリップにコピーされます。

フリーズフレームを追加する

最後のカットをフリーズフレーム（止め画）で終えると余韻が残ってキレイにまとまりますね。ここではフリーズフレームの簡単な作り方を紹介します。

STEP1　フリーズフレームを作成したい箇所に再生ヘッドを移動します。

Final Cut Pro Xでは再生ヘッドの右側のフレームを再生します。したがって、クリップの最後のフレームをフリーズフレームにする場合は再生ヘッドをクリップの右端ではなく、1フレーム分戻しておきます。下図では、わかりやすいようにタイムラインを拡大表示しています。

このフレームがフリーズフレームになる

再生ヘッド

STEP2　クリップを選択し、「編集」メニューから「フリーズフレームを追加」を選択します。

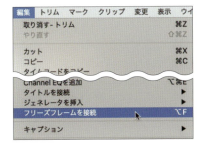

フリーズフレームが追加されます。フリーズフレームは通常の静止画クリップと同じように端をドラッグして長さを任意に調整できます。

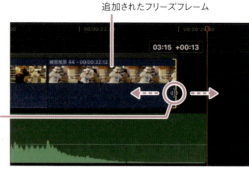

追加されたフリーズフレーム

左右にドラッグして長さを調整

さて、図のようなタイムラインで編集が完了しました。音楽に合わせてテンポよくクリップをつなげていくのがコツです。この例のようにストーリーライン内にクリップをまとめておくと、クリップの入れ替えやトリミングが簡単に行えます。

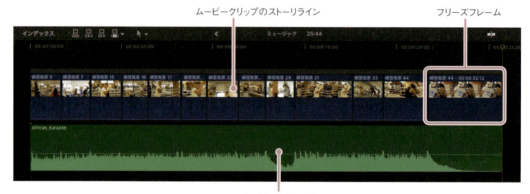

ムービークリップのストーリライン

フリーズフレーム

オーディオクリップ

Column
フリーズフレームの初期設定の秒数を調整する

作成されるフリーズフレームの秒数は初期設定を変更できます。「Final Cut Pro」メニューから「環境設定」を選択し、表示されるウインドウで「編集」タブを選択します。「静止画像の継続時間」で秒数を調整します。ここで設定した秒数はフリーズフレームに限らず、タイトルや写真など静止画の初期設定値になります。

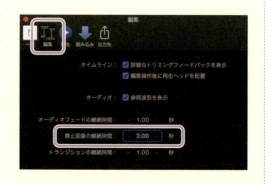

1-7
CM・ドラマを作る じっくり編集テクニック

音楽に合わせて即興的に編集していくのは楽しいですが、CMやドラマなど、じっくり時間をかけて編集したい作品もあります。そのような作品ではVコンテを活用するとスムーズに制作が進みます。Vコンテを作っておくと「不要なショットを沢山撮ってしまった」&「必要な素材を撮り忘れた」を解消できます。また撮影前にスタッフ間でVコンテを共有しておけば、イメージをしっかり伝達できます。

プレースホルダをストーリーラインに配置して簡単なVコンテを作成

スキャナなどで読み込んだ絵コンテをストーリーラインに配置してより具体的なVコンテを作成

Vコンテを動画に差し替える

> **Memo　コンテとは?**
>
> コンテとは「Continuity」のことで、台本（シナリオ）を元にシーンのカット割りを示したものです。カット割りを漫画のように絵にして並べたものを絵コンテと呼びます。Vコンテはビデオコンテの略で、絵コンテをさらに映像にすることで時間軸が把握できるようになっています。プリヴィズ（Previsualization）やアニマティクス（Animatics）とも呼ばれます。

1 「プレースホルダ」でVコンテを作成する

Vコンテは絵コンテをタイムラインに並べて実際の映像のシミュレーションとして使うものです。Final Cut Pro Xの「プレースホルダ」を使うと簡単なVコンテを作れます。

STEP1　プロジェクトを作成し、タイムラインを開きます。サイドバーを「タイトルとジェネレータ」タブに切り替えて、「ジェネレータ」の「要素」から「プレースホルダ」を選択し、基本ストーリーラインにドラッグします。

または「編集」メニューから「ジェネレータを挿入」>「プレースホルダ」を選択します。

「プレースホルダ」をドラッグ

STEP2　基本ストーリーライン上の「プレースホルダ」を選択し、インスペクタを開きます。「ジェネレータ」タブで設定項目を設定します。

■「プレースホルダ」の設定項目

Framing	ロングショット、クローズアップなど画面の構図を選択
People	1人から5人まで選択
Gender	男性か女性を選択

Background	オフィスや屋外など背景を選択
Sky	晴れ、曇天、夜景などを選択
Interior	選択すると室内の壁が追加される
View Notes	選択するとメモを表記できる

図のように「プレースホルダ」を基本ストーリーラインに並べました。

基本ストーリーラインの「プレースホルダ」

「アフレコを録音」で仮ナレを録音する

仮のナレーションやセリフを入れておくとカットの長さを知ることができます。MacBook Proなどマイクが内蔵されているMacでは、別途録音機材を用意することなくそのまま録音できるので便利です。

STEP1 はじめに録音を開始する位置に再生ヘッドを移動させておきます。

再生ヘッド

STEP2 「ウインドウ」メニューから「アフレコを録音」を選択します。

STEP3 「アフレコを録音」ウインドウが表示されるので、「入力」を「内蔵マイク」またはMacに接続されている外部マイクを選択します。

STEP4 「録音/停止」ボタン◉を押すと、録音が開始されます。

「録音/停止」ボタン

入力:「内蔵マイク」を選択

↑「アフレコを録音」ウインドウ

STEP5　再び「録音／停止」ボタン◉を押すと録音が停止します。再生ヘッドの位置から録音されたオーディオクリップが「プレースホルダ」に接続されます。

仮のナレーションやセリフを入れておくと、クリップの長さを事前に調整できます。さらに音楽も入れておくと、より内容が把握できるようになります。

録音された仮セリフのオーディオクリップ

2 ｜「絵コンテ」でVコンテを作成する

「プレースホルダ」では、表現できることが限られてしまいます。簡単なイラストの絵コンテでもVコンテにしておけば、撮影の意図をより具体的に伝えることができます。

絵コンテを基本ストーリーラインに並べる

絵コンテをイベントに読み込んで、基本ストーリーラインに並べます。

STEP1　絵コンテはスキャナで読み込むか、iPhoneなどで撮影してJPEGやPNGの画像ファイルにして読み込みます。

STEP2　「プレースホルダ」と同様に基本ストーリーラインに絵コンテを並べます。仮セリフの録音も同様に行い、クリップの長さやタイミングを調整しておきます。

絵コンテのイラスト

録音された仮セリフのオーディオクリップ

撮影した素材でVコンテを置き換える

1-7 CM・ドラマを作るじっくり編集テクニック

実際に撮影を終えたら、Vコンテの絵を動画クリップに置き換えます。

STEP1　Vコンテをもとに、撮影した動画素材をイベントに読み込みます。

撮影した素材をイベントに読み込む

STEP2　Vコンテの基本ストーリーラインにある絵コンテに、撮影した動画クリップを接続します。

動画クリップを絵コンテに接続

STEP3　動画クリップを絵コンテに置き換えます。動画クリップを選択して右クリックし、表示されるメニューから「上書きして基本ストーリーラインに置き換え」を選択します。

動画クリップを選択

基本ストーリーラインにあった絵コンテの静止画クリップが動画クリップに置き換わりました。動画クリップはさらに編集を進め、エフェクトやトランジション、タイトル、音楽などを加えて完成させます。
仮セリフのオーディオクリップは消去するか、選択したうえで「V」キーを押して「無効」状態にしておきます。

基本ストーリーラインの絵コンテが置き換わる

「無効」にしたオーディオクリップ

Vコンテを作っておくと、スタッフや出演者の間で撮影内容が共有できるだけでなく、無駄な素材を撮ることがないため、編集作業も楽になります。

撮影が終わったら編集、ということではなく、撮影の前から編集作業はスタートしているのです。

Column

「詳細編集」を活用しよう

クリップのつなぎ目をじっくり編集したい場合は「詳細編集」を使ってみることをオススメします。「詳細編集」では、基本ストーリーラインでのクリップのつなぎ目（編集点）を微調整できます。

「詳細編集」を使う場合は、編集点にカーソルを合わせ、ダブルクリックします。

編集点をダブルクリック

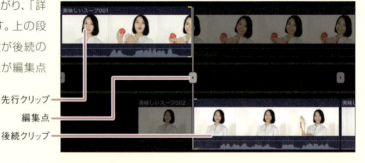

タイムラインが上下に広がり、「詳細編集」モードになります。上の段が先行のクリップ、下の段が後続のクリップ、中央の四角い点が編集点です。

先行クリップ
編集点
後続クリップ

先行クリップを左右にドラッグすると、先行クリップの終わりの位置（アウト点）を調整できます。

96

同様に後続クリップをマウスで左右にドラッグすると、後続クリップの開始の位置（イン点）を調整できます。

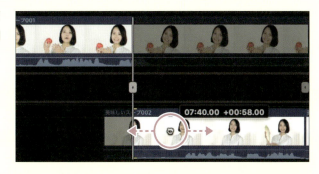

また、中央の編集点を左右にドラッグすると、クリップの切り替えのタイミングを調整できます。

なお、上記のどの操作についてもキーボードの「,」キーと「.」キーを押すと、前後に1フレームずつ編集点が移動します。

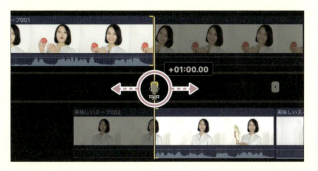

「詳細編集」モードのまま、次の編集点をクリックすると、編集する箇所がクリックした編集点へ移動します。それまでの後続クリップが先行クリップになります。

「詳細編集」モードを終了するには、編集中の編集点をダブルクリックします。「詳細編集」が閉じ、通常の編集画面に戻ります。

「詳細編集」は通常の編集モードでざっと編集したあと、細かいタイミングを「詳細編集」で見直す、というワークフローに適しています。
なお、「詳細編集」は基本ストーリーラインでのみ機能します。接続したストーリーラインでは使えませんので注意してください。

Chapter 2

エフェクト・トランジションを使ったテクニック

Final Cut Pro Xの特徴のひとつは、高品質なエフェクトとトランジションが収録されていることです。本章の前半では、スローモーションなど時間を操る「リタイミング」、「レイヤー」を用いたトランジションの作成方法などを紹介しています。キーフレームの概念は、初めての方には少し難しいですが、コツがわかればスムーズにクリップを動かすことができるようになります。後半ではエフェクトとトランジションを用いたさまざまな表現テクニックを解説しています。ぜひ、皆さんもエフェクトとトランジションを使いこなしてユニークな映像に挑戦してみてください。

2-1 時間を操る「リタイミング」

スローモーションやクイックモーションを作成する機能を「リタイミング」と呼びます。Final Cut Pro Xの「リタイミング」は単にクリップの再生速度を変えるだけでなく、速度に徐々に変化をつけることができます。ここではリタイミングを使った編集テクニックを紹介します。

標準の速度で再生

標準の40％の速度で再生

標準の速度に戻る

1 | リタイミングエディタで速度をコントロールする

クリップに設定した再生速度は「リタイミングエディタ」で自由に変えられます。

プリセットの再生速度を設定する

リタイミングを使ってクリップにスローモーションを設定してみましょう。

STEP1 クリップを選択し、ビューア左下にある「リタイミング」 をクリックします。プルダウンメニューから「遅く」＞「50%」を選択します。

クリップの長さが倍に伸びます。上端にはオレンジ色のラインがつきます。このラインを「リタイミングエディタ」と呼びます。クリップを再生すると通常の半分の速度のスロー再生になります。

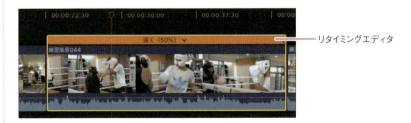

2-1 時間を操る「リタイミング」

101

STEP2 リタイミングエディタの中央にあるプルダウンメニューから再生速度を選べます。「遅く」でスローモーションに、「速く」でクイックモーションになります。「標準（100％）」を選択すると本来の再生速度に戻ります。

STEP3 「速く（200％）」を選択すると、2倍の速さで再生するクイックモーションになります。リタイミングエディタは青色に変わります。

クリップの再生速度を自由に調節する

STEP1 リタイミングエディタの右端をドラッグすると、クリップが伸び縮みします。クリップの長さに応じて再生速度が変わります。「標準（100％）」より数値が大きいとクイックに、数値が小さいとスローになります。

STEP2 決められた数値を入力する場合はリタイミングエディタ中央のプルダウンメニューから「カスタム」を選択します。

STEP3 「カスタム速度」ウインドウが表示されます。「速度を設定」で「レート」または「継続時間」のどちらかの数値を入力します。「リップル」にチェックを入れておくとクリップの長さが数値に合わせて変化します。チェックを外すと現在のクリップの長さに合わせて再生範囲が変化します。

クリップを逆再生する

動画を逆方向に再生できます。たとえば、落下するボールを逆再生して、上に上がっていくような映像を作成できます。

STEP1 クリップを選択し、「リタイミング」プルダウンメニューから「クリップを逆再生」を選択します。

クリップのリタイミングエディタには独特の「<<<」のマークが表示されます。ビューアで再生するとクリップのアウト点からイン点に向けて再生します。「逆再生」にもスローやクイック再生を適用できます。

「逆再生」のリタイミングエディタ

クリップを一時停止にする

「フリーズフレーム」(→P.131)と同様に、クリップを再生中に一時停止できます。

STEP1 一時停止するフレームに再生ヘッドを移動し、「リタイミング」プルダウンメニューから「静止」を選択します。

再生ヘッド

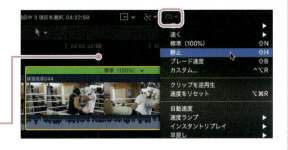

STEP2 再生ヘッドのフレームが2秒間の静止フレームになります。静止フレームの継続時間は右端をドラッグして調整できます。

クリップの再生速度をリセットする

リタイミングで再生速度を変更しても、オリジナルの再生速度に戻せます。

STEP1 「リタイミング」プルダウンメニューから「速度をリセット」を選択します。「リタイミング」を設定していないオリジナルの状態に戻ります。

Column
「リタイミング」で設定する「ビデオの品質」

「リタイミング」を設定したクリップには3段階の「ビデオの品質」オプションを選択できます。クリップを選択し、「リタイミング」のプルダウンメニューの「ビデオの品質」から選択します。

「**標準**」：初期設定です。フレームの増減のみでスローとクイックを実行します。スローの際には同じフレームを複数回再生します。

「**フレームの合成**」：フレームを多重にして再生速度を変えます。スローの際には前後のフレームを多重合成してフレーム数を増やします。

「**オプティカルフロー**」：モーフィング技術で新たな中間フレームを生成します。高品質ですが、画面の一部に歪みが出る場合があります。

実際にどの設定がよいかは、素材によるので試してみてください。また、「フレームの合成」と「オプティカルフロー」ではレンダリング処理が必要になります。

リタイミングエディタを非表示にする

STEP1　「リタイミング」⏱プルダウンメニューから「リタイミングエディタを隠す」を選択するとリタイミングエディタが非表示になります。

2 | リタイミングで作る「タイムリマップ」

1つのショットの中で再生速度が変わる効果を「タイムリマップ」と呼びます。アクション映画などでは、決め技などで通常の再生速度からスローモーションに変化します。「ブレード速度」を使うと印象的な「タイムリマップ」が簡単に作成できます。

再生速度を徐々に落とす

リタイミングの「ブレード速度」を用いて「タイムリマップ」を作ってみましょう。

STEP1　速度を可変させたい箇所に再生ヘッドを移動し、「リタイミング」⏱プルダウンメニューから「ブレード速度」を選択します。このときプルダウンメニュー下の「速度トランジション」にチェックが入っていることを確認します。

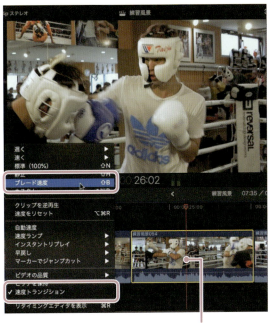

再生ヘッド

2-1 時間を操る「リタイミング」

105

STEP2 再生ヘッドの位置でクリップが前後に分割されるので、後続のクリップのリタイミングエディタの端を右方向にドラッグします。

リタイミングエディタの端をドラッグ

後続のクリップが伸びて、再生速度が遅くなります。先行クリップと後続クリップの間の灰色の部分は速度トランジションの表示です。速度トランジションでは再生速度が徐々に変化します。

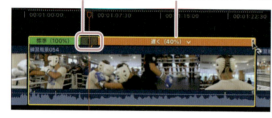

速度トランジション　　クリップが伸びてスローになる

STEP3 速度トランジションの長さは端をドラッグすることで調整できます。タイムラインの表示範囲を拡大すると操作しやすくなります

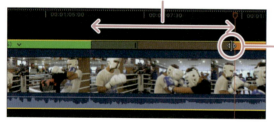

速度トランジション

ドラッグして長さを調整

STEP4 速度トランジションの位置は前後に移動できます。変換点をダブルクリックし、表示される「速度トランジション」ウインドウで「ソースフレーム」の「編集」をクリックします。

「編集」をクリック

変換点をダブルクリック

速度トランジションの「編集」モードになります。変換点が図のようなアイコンで表示されます。

変換点

STEP5　変換点をドラッグすると、再生速度の切り替わりの位置を変更できます。

変換点を左右にドラッグして、再生速度の切り替わりタイミングを変更

再生速度を徐々に元に戻す

スローから通常の再生速度に戻してみましょう。

STEP1　タイムラインを元の表示範囲に戻してクリップ全体が把握できるようにします。速度を戻したい箇所に再生ヘッドを移動します。

再生ヘッド

STEP2　「リタイミング」⊙プルダウンメニューから「ブレード速度」を選択します。再生ヘッドの位置でクリップが前後に分割されるので、後続のクリップの再生速度を「標準（100％）」にします。

クリップが分割される

再生速度を標準（100％）に変更

後続クリップの再生速度が「標準（100%）」になりました。クリップ間には「速度トランジション」が設定されています（右図）。
この部分を再生すると「標準（100%）」→徐々に遅くなる→「遅く（40%）」→徐々に速くなる→「標準（100%）」に戻る、という動きになります。

標準速度

スローモーション
速度トランジション　速度トランジション

標準速度

Column
美しいタイムリマップを作るには？

Final Cut Pro Xの「リタイミング」は高性能です。「オプティカルフロー」（→P.104 Column参照）を設定すれば中間フレームを生成し、美しいスローモーションを作成できるでしょう。
ただし、「オプティカルフロー」はモーフィング処理がうまくいかないと、画面の一部が歪むことがあります。確実に美しいタイムリマップ映像を作成したい場合は、撮影時にスローモーションで収録しましょう。プロジェクトを30fps（29.97fps）で編集している場合、撮影時の速度が90fpsなら3倍、120fpsなら4倍のスローモーションになります。
このクリップをもとにタイムリマップを作成する際は、通常とは逆の設定を行います。たとえば3倍速のスローで撮影した場合は、図のように「速く（300%）」→「標準（100%）」→「速く（300%）」となるように「ブレード速度」を設定します。これを再生すると、通常速度での再生→スロー再生→通常速度での再生、となります。

Chapter 2　エフェクト・トランジションを使ったテクニック

3 ジャンプカットを作成する「マーカーでジャンプカット」

「ジャンプカット」とは映像の間を中抜きしてカットを縮める手法のことです。リタイミングには簡易的なジャンプカットを作成する「マーカーでジャンプカット」という機能があります。単調な映像にメリハリをつけたいときに、使ってみるとよいでしょう。

クリップにマーカーを設定する

はじめにクリップの間を詰めるタイミングをマーカーで設定します。

STEP1 クリップを再生しながら、ジャンプカットを作成したい箇所で「M」キーを押します。

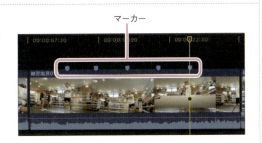

再生ヘッドの位置にマーカーが設定されます。この例では5つのマーカーを設定しました。

「マーカーでジャンプカット」を設定する

マーカーを起点としてジャンプカットを作成します。

STEP1 クリップを選択し、「リタイミング」プルダウンメニューから「マーカーでジャンプカット」>「30フレーム」を選択します。

マーカーの箇所で30フレームずつ、フレームが削除されます。再生すると、映像が定期的に中抜きされることで、リズミカルな効果を生み出します。

4 | クリップのフレームをすべて再生する「自動速度」

リタイミングの機能のうち、最後に地味ながらも重要な「自動速度」を紹介しておきましょう。「自動速度」はフレームレートに関係なく、クリップのフレームをすべて再生する機能です。

「自動速度」が必要なケースとは？

Final Cut Pro Xではフレームレートの異なるクリップをタイムラインに配置すると、設定されたフレームレートに応じて再生速度が自動設定されます。たとえば、25fpsで記録された1秒間のクリップを30fpsのタイムラインに配置した場合、1秒間（＝30フレーム）で再生します。このとき、処理としては5フレームごとに最後のフレームを2回再生します。つまり5フレームを6フレームに水増しして30fpsにするわけです。これだと再生時間としては正しいのですが、再生すると動きがカクついて見えてしまいます。

このような場合に「自動速度」を設定すると、フレームを2回再生することがないため、スムーズな動きになります。海外の映像素材を使う際には、この方法を試してみるとよいでしょう。

「自動速度」を設定する

フレームレートの異なるクリップに「自動速度」を設定します。

STEP1 30fpsで編集しているタイムラインに欧州のPAL規格で記録された25fpsのクリップを配置しました。

30fpsで記録されたクリップ　　25fpsで記録されたクリップ

STEP2 クリップを選択し、「リタイミング」プルダウンメニューから「自動速度」を選択します。リタイミングエディタに「速く（120%）」と表示されます。

「自動速度」を設定したクリップ

本来より再生速度は速くなりますが、同じフレームを2回再生しないため、なめらかに再生されます。

STEP3 クリップのフレームレートを確認するには、クリップを選択し、インスペクタの「情報」タブ🛈を表示します。クリップのサイズとフレームレートが表示されます。

「情報」タブ

クリップのフレームレート

2-2
レイヤーを使った表現テクニック

Final Cut Pro Xのタイムラインは基本ストーリーラインをベースとして、ムービーやオーディオ、タイトルなど、さまざまなクリップを重ねていくことができます。これを「レイヤー構造」と呼びます。「レイヤー」とは「層」の意味で、Photoshopなど、グラフィックを扱うソフトウェアではおなじみの構造です。上に重ねたクリップが下のクリップを覆うことで、さまざまな映像表現を作り出せます。この節では、レイヤーを使った表現テクニックについてご紹介しましょう。

左右の画面をレイヤーで設定

1 レイヤーの基本テクニック

ブラウザからクリップを選択し、タイムラインに重ねていく、というのがレイヤー作成の基本です。ここでは2画面の分割を例に、レイヤーの基本テクニックを解説します。

画面分割を作成する

クリップを左右2つに分ける、画面分割を作成してみましょう。完成した画面は図のようになります。

↑左右に画面を分割した例

STEP1 基本ストーリーラインにあるクリップに画面分割で使用するクリップを接続します。右端をドラッグして長さを揃えます。

STEP2 基本ストーリーラインに接続したクリップの「ビデオ」タブ■を表示します。

「クロップ」の「右」のスライダーを動かすと画面を右端から切り取ることができます。プロジェクトの設定がHDの場合、横のサイズは1920ピクセルなので、値が「960」でセンターでの分割になります。
数値の変更はスライダーだけでなく、数字を選択してキーボードから入力しても行えます。

画面のセンター 「クロップ」の設定 スライダーで調整 キーボードで値を
入力してもよい

このままではインタビューの顔が切れてしまうので、画面全体を右に移動させましょう。

STEP3 基本ストーリーライン上のクリップを選択し、「ビデオ」タブ を表示します。「変形」>「位置」の「X」の値を調整します。数値をキー入力するか、数値の上でクリックし、マウスホイールを動かすと数値が変わります。

クリップの位置が変わる 「変形」の設定 「X」の値を変える

STEP4 接続したクリップについても、プレビューして左に寄せたほうがよければ、位置を調整し左に寄せます。このとき、移動させた分だけ「クロップ」の値も調整してセンターでの分割位置をキープします。

この例では左に「-200」ピクセル移動したので、「クロップ」の「右」を「960」から「760」ピクセルに調整しています。

「-200」を入力
位置が左にずれる
「760」を入力

STEP5 インスペクタ内の「変形」「クロップ」「歪み」については、マウスでも調整できます。「クロップ」では「トリム」を選択し、四辺をドラッグすることで、画面を切り取る範囲を調整できます。

左右にドラッグして調整
「クロップ」を選択

STEP6 ビューアの「表示」プルダウンメニューから「水平線を表示」を選ぶと、画面に十字のガイドラインが表示されます。クリップを切り取る際の目安として使えます。

2-2 レイヤーを使った表現テクニック

画面に分割線を表示する

2つの画面の境界に、ラインを表示してみましょう。この例ではラインは「ジェネレータ」の「カスタム」で作成します。

STEP1 サイドバーの「タイトルとジェネレータ」 から「ジェネレータ」>「単色」>「カスタム」を選択します。

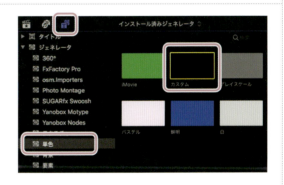

STEP2 タイムラインの2つのクリップの上に「カスタム」をドラッグして配置します。または、再生ヘッドをクリップの左端に移動させ、「接続」ボタン を押します。また、クリップの右端をドラッグして下のクリップと長さを合わせます。

115

Chapter 2 エフェクト・トランジションを使ったテクニック

STEP3 「カスタム」クリップを選択し、「ジェネレータ」タブ■で「Color」の黒色の部分をクリックします。

ジェネレータ

黒色の部分をクリック

STEP4 「カラー」パレットが表示されます。色を選ぶと「カスタム」クリップの色が変わります。ここでは「ブルー」を選択しました。色を選択したらパレットを閉じます。

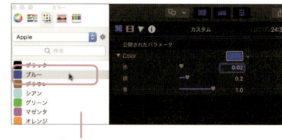

「カラー」パレット

タイムラインでは図のように「カスタム」の色が変わります。ビューアでは画面全面が青色になります。

「カスタム」の色が変わる

STEP5 クリップを選択し、「ビデオ」タブ■を表示します。「クロップ」で両端を切り取ります。「左」と「右」の値をどちらも「940」にすると、センターに40ピクセルの幅のラインが表示されます。

40ピクセルの幅のライン　　クロップ　　左と右を「940」に設定

116

Column
レイヤーで重ねたクリップは すべて「接続したクリップ」

タイムラインで重ねたクリップの位置をずらしてみましょう。重ねたクリップはどちらも基本ストーリーラインのクリップと接続ポイントでつながっていることがわかります。このように、レイヤーで重ねたクリップはすべて基本ストーリーラインに接続しています。したがって、接続先のクリップを消去すると上に重ねたクリップも同時に消去されてしまうので注意しましょう。

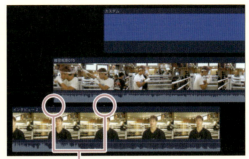

接続ポイント

2つの画面を並べて表示する

先の例をもとに、2つのクリップを画面の左右に並べて表示してみましょう。縮小した画面の下には「ジェネレータ」を使ってベースのグラデーションを作成します。完成した画面はこのようになります。

←2つの画面を並べて表示した例

STEP1

画面分割と同様に、タイムラインに2つのクリップがあります。基本ストーリーラインのクリップを右クリックし「ストーリーラインからリフト」を選択します。

基本ストーリーラインのクリップを右クリック

2-2 レイヤーを使った表現テクニック

基本ストーリーラインのクリップが上に移動し、基本ストーリーラインには「ギャップ」が挿入されます。「ギャップ」とはすき間のことで、間隙を埋めるクリップです。

ギャップ

STEP2 サイドバーの「タイトルとジェネレータ」から「ジェネレータ」>「テクスチャ」>「グラデーション」を選択し、ギャップにドラッグします。プルダウンメニューが表示されるので「始点から置き換える」を選択します。

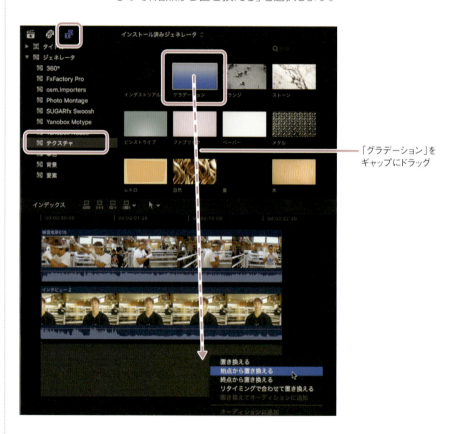

「グラデーション」を
ギャップにドラッグ

「ギャップ」が「グラデーション」のクリップに置き換わります。続いて子画面を作っていきましょう。

STEP3 最上段のクリップを選択します。タイムラインの再生ヘッドを、クリップをプレビューできる位置に合わせておきます。

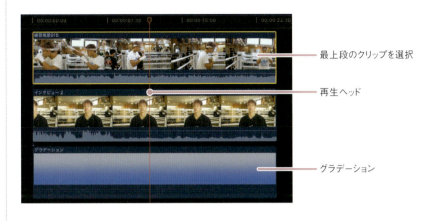

- 最上段のクリップを選択
- 再生ヘッド
- グラデーション

STEP4 「ビデオ」タブ■で位置とサイズを調整します。ここでは「変形」＞「位置」＞「X」を「-480px」、「調整」を「50%」に設定しています。

左のクリップの位置とサイズを調整　　「変形」＞「位置」＞「X」を「-480」　　「調整」を「50%」

STEP5 次に、2段目のクリップのサイズと位置を調整します。タイムラインでクリップを選択し、「変形」＞「位置」＞「X」を「480px」に、「調整」を「50%」に設定します。

縮小されたクリップが画面の左右に配置され、基本ストーリーラインに置いた「グラデーション」が見えるようになります。

右のクリップの位置とサイズを調整　　「変形」＞「位置」＞「X」を「480」　　「調整」を「50%」

STEP6 基本ストーリーラインの「グラデーション」の色や形状は、「ジェネレータ」タブ や再生画面上のハンドルを操作して設定します。

ドラッグしてグラデーションの向きを調整　　　グラデーションの色を調整

STEP7 クリップの位置とサイズはビューアの「変形」 を選択し、マウスのドラッグで調整できます。調整が終わったら「完了」をクリックします。

このようにクリップを重ねていくことで、3画面や4画面などのマルチ画面の映像も作ることができます。

「変形」を選択　　ドラッグしてサイズを調整

> **Memo** Final Cut Pro Xの「調整」は「拡大／縮小」
>
> Final Cut Pro Xでは、パラメータの「調整」は「拡大／縮小」の意味になります。スライダーを左右に移動させるとオブジェクトがズーミングします。

2-3 「キーフレーム」でモーションを作成する

キーフレームには、サイズや位置、エフェクト、トランジションなど、さまざまな属性値を設定できます。2つのキーフレームで異なる値を設定すれば、キーフレーム間で値が遷移していく効果を作り出せます。ここでは、キーフレームを使って、2つの画面が入れ替わるモーションを作ってみましょう。画面が左側に縮小し、右側の画面が拡大します。

画面が入れ替わるモーション

1 | キーフレームを設定する

STEP1 クリップをタイムラインに図のように配置します。このクリップにはまだ「変形」などの設定は行っていません。クリップが縮小を開始する位置に再生ヘッドを移動させます。目印として、キーボードの「M」キーを打ってマーカーをつけておきます。

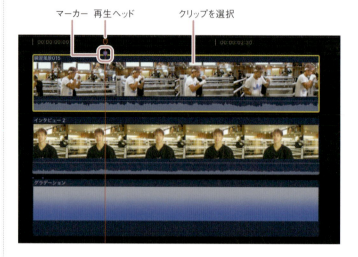

STEP2 最上段のクリップを選択し、「ビデオ」タブ■で「変形」の設定項目を表示します。「位置」と「調整」の右側に表示される◆をクリックします。

キーフレームのアイコンが黄色の表示◆になります。これで動きの始点のキーフレームが設定されます。

STEP3　タイムラインで、縮小の動きが終わるタイミングに再生ヘッドを移動します。この例では1秒後に設定しました。こちらも、目印としてマーカーをつけておきます。

STEP4　最上段のクリップを選択し、「ビデオ」タブの「変形」>「位置」>「X」を「-480px」に、「調整」を「50％」に設定します。

「位置」と「調整」のキーフレームが自動的に追加されます。これが動きの終点のキーフレームになります。

キーフレームが設定されたフレーム　　　終点のキーフレーム

STEP5　再生ヘッドはそのままで、タイムラインの2段目のクリップを選択します。2段目のクリップに目印としてマーカーをつけておきます。

マーカー
2段目のクリップを選択
再生ヘッド

2-3 「キーフレーム」でモーションを作成する

STEP6　2段目のクリップの位置とサイズを調整します。タイムラインの2段目のクリップを選択し、「位置」>「X」を「480px」に、「調整」を「50%」に設定します。続いて◆をクリックし、「位置」と「調整」のキーフレームを設定します。

2段目のクリップの始点のキーフレームになります。

キーフレームが設定されたフレーム　　「変形」>「位置」>「X」を「480」　「調整」を「50%」　始点のキーフレーム

STEP7　次に、タイムラインの2段目のクリップに拡大の動きを設定します。再生ヘッドを拡大の完了する位置に移動させます。この例では最初のマーカー位置から2秒後にしました。

マーカー　再生ヘッド

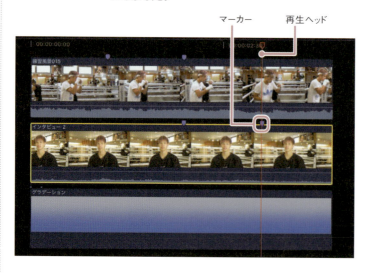

| STEP8 | 「ビデオ」タブ■の「変形」>「位置」>「X」を「0px」に、「調整」を「100%」に設定します。 |

「位置」と「調整」のキーフレームが自動的に追加されます。

キーフレームが設定されたフレーム　　「変型」>「位置」>「X」を「0」　「調整」を「100%」　終点のキーフレーム

これで2つのクリップに縮小と拡大の動きが設定されました。ただし、このままでは2段目のクリップの上に1段目のクリップが表示されてしまいます。そこで、クリップの位置を入れ替えます。

| STEP9 | 「ツール」ポップアップメニューから「ブレード」ツールを選択し(「B」キー)、2段目のクリップの最初のマーカー位置でクリックします。 |

クリップが2つに分割されます。

「ブレード」ツールでクリップを分割する

STEP10　「ツール」ポップアップメニューから「選択」ツールを選択し(「A」キー)、元のカーソル表示に戻します。分割した後続のクリップを選択し、1段目のクリップの上にドラッグします。「shift」キーを押しながらドラッグすると前後にずれることなく移動できます。

クリップを移動

これで2つの画面の入れ替えの動きが完成しました。この部分を再生すると図のように画面が変化します。

2 キーフレームの編集

クリップに設定したキーフレームは「ビデオアニメーション」でタイミングを変えたり、キーフレームを追加・削除したりできます。

キーフレームのタイミングを変える

STEP1　クリップを選択し、右クリックして表示されるメニューから「ビデオアニメーションを表示」を選択します。

クリップを選択して右クリック

「ビデオアニメーション」が表示されます。設定されているキーフレームが黄色◆で表示されています。左右にドラッグすることで動きのタイミングを変えられます。

キーフレームを左右に移動

キーフレームの追加と削除

STEP1
キーフレームを追加するには、「option」キーを押しながら該当する項目のラインをクリックします。

「option」キーを押しながらクリック

STEP2
キーフレームを削除するには、キーフレームの◆を右クリックして「キーフレームを削除」を選択します。

右クリック

Column
動きの起点となるキーフレーム

Final Cut Pro Xなどの映像編集ソフトの多くはキーフレーム機能を備えています。キーフレームはタイムライン上のクリップに動きをつけるために設定します。拡大や縮小、移動や回転など、さまざまな動きの始まりと終わりにキーフレームを設定することで、その間の動きが自動的に設定されます。
最もなじみのあるキーフレームは音量の調節用のものでしょう。クリップの音量を徐々に変えたいときに、クリップの音量バーにキーフレームのポイントを設定し、上下に位置を変えることで音量を調節できます。

音量のキーフレーム

2-4 マルチレイヤーでトランジションを作成する

レイヤーを活用して、オリジナルのトランジションを作成してみましょう。ここでは「ジェネレータ」を使って写真つきのバナーを作成してみます。また、キーフレームを使ってバナーを動かしていきます。キーフレームは少しわかりにくいですが、やり方を覚えるとさまざまなシーンで活用できます。本節の作例では、以下のような映像の転換（トランジション）を作成します。

マルチレイヤーで複雑なトランジションを作成

128

1 「ジェネレータ」でバナーを作る

2-4 マルチレイヤーでトランジションを作成する

はじめに「ジェネレータ」を使ってバナーの板を作ります。

STEP1　トランジション用のプロジェクトを新規で作成しておきます。

今回の作例では「1080p HD」「1920x1080」「29.97p」で作成しています。以後の各種設定値も、HDサイズの画面に合わせたものとなっています。

作例のフォーマット

STEP2　サイドバーの「タイトルとジェネレータ」 から「ジェネレータ」>「単色」>「カスタム」を選択し、作成したプロジェクトの基本ストーリーラインに配置します。

ここでは3秒間の長さにしました。初期設定では黒色なので、インスペクタで好みの色に変更しておきます。

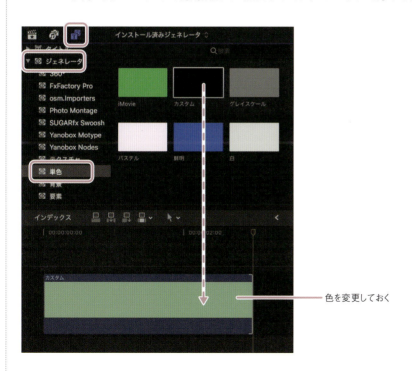

色を変更しておく

STEP3 クリップの縦と横の比率を変えて、縦長のバナーを作成します。クリップを選択し、「ビデオ」タブ🔲の「歪み」の値を下記のように設定します。

なお、「ジェネレータ」で作成した画像のサイズを「クロップ」で変えると、「回転」を適用した際に形状が変わってしまいます。そのため本作例では「歪み」を用いて縦長のバナーを作成しています。

■「歪み」の値を設定
「左下」>「X」:720px
　　　　「Y」:0px
「右下」>「X」:-720px
　　　　「Y」:0px
「右上」>「X」:-720px
　　　　「Y」:0px
「左上」>「X」:720px
　　　　「Y」:0px

縦長のバナーの形状にする

STEP4 クリップに質感を加えてみましょう。「エフェクト」ブラウザ🔲から「ライト」>「スポット」を選択し、クリップにドラッグして適用します。

STEP5 「ビデオ」タブ🔲の設定に「スポット」が追加されます。バナーがグラデーションになるようにパラメータを調整します。

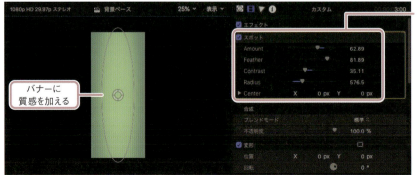

「スポット」のパラメータを調整

バナーに質感を加える

2 | 動画からフリーズフレームを接続してバナーを作成する

STEP1 バナーに貼りつける画像を動画クリップから選び、バナーのクリップに重ねます。まず、タイムラインでバナーとなるクリップの左端に再生ヘッドを移動します。

STEP2 ブラウザ内のクリップをプレビューして、使いたいフレームの位置にクリップ内の再生ヘッドを移動します。「編集」メニューから「フリーズフレームを接続」を選択します。

再生ヘッド

STEP3 タイムラインのクリップにフリーズフレームが接続されます。クリップの長さを揃えておきます。

接続したフリーズフレーム

長さを揃えておく

STEP4 フリーズフレームを選択し、「ビデオ」タブの「変形」と「クロップ」で、ベースのクリップに重なるようにサイズを調整します。

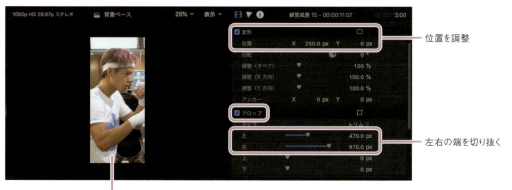

バナーにサイズを合わせる

位置を調整

左右の端を切り抜く

2-4 マルチレイヤーでトランジションを作成する

STEP5 「合成」の「不透明度」を調整し、バナーに溶け込むように設定します。ここでは「50%」にしました。

これでバナーの素材が1本できました。

不透明度を調整

3 残りのバナー素材を作成する

同様にしてほかのバナーも作成します。クリップをコピーし、残りのバナー素材を3本作成します。

STEP1 「option」キーを押しながら基本ストーリーラインの「カスタム」クリップを右にドラッグし、クリップのコピーを作成します。

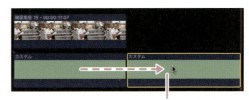

「option」キーを押しながらドラッグしてコピー

STEP2 コピーした「カスタム」クリップの色を、「ジェネレータ」タブ◙の「color」で好みのものに変えます。

色をクリック

好みの色を選択

| STEP3 | 先ほどと同様に、ブラウザから任意のフレームを選び、フリーズフレームを接続し、サイズを調整して合わせます。 |

もちろん、写真やイラストを読み込んで使ってもかまいません。

フリーズフレームを調整

図のように4本のバナー素材が作成されました。

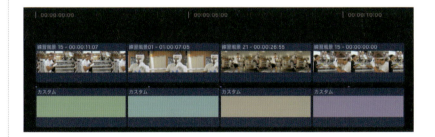

4 | バナーを複合クリップにまとめる

1本ずつのバナーを複合クリップとしてまとめておきます。

| STEP1 | 基本ストーリラインの「カスタム」クリップと上に接続したフリーズフレームを選択し、右クリックして表示されるメニューから「新規複合クリップ」を選択します。 |

STEP2 複合クリップ名を「バナー01」として「OK」をクリックします。

選択したクリップが1つの複合クリップとしてまとめられます。

STEP3 同様にして残りの3つのバナーも複合クリップにします。

タイムラインには「バナー01」から「バナー04」まで4つの複合クリップが並びます。

作成したバナーの複合クリップは、イベントのブラウザ内に「バナー01」から「バナー04」の複合クリップとして保存されています。この複合クリップはほかのプロジェクトでも使えます。

ブラウザ内の複合クリップ

5 | キーフレームでバナーに動きをつける

作成したバナーの複合クリップに、キーフレームを使って動きを設定します。ここでは正確に動きを設定するため、位置を数値で入力します。

上に上がってくる動きを設定する

STEP1 「バナー01」のクリップの先頭（タイムコード表示では00フレーム）に再生ヘッドを移動します。キーフレームの目印として「M」キーを打ってクリップにマーカーを設定しておきます。

再生ヘッド
マーカー
「バナー01」

STEP2 左端のバナーの始めの位置を設定します。「ビデオ」タブの「変形」>「位置」を「X：-720px、Y：-1080px」とし、キーフレームを設定しておきます。

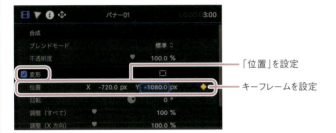

STEP3 1秒間でバナーが画面の下から上に上がる動きを設定します。再生ヘッドをタイムラインの先頭から1秒後の位置（タイムコード表示は29フレーム）に移動します。こちらも「M」キーを打ってクリップにマーカー設定しておきます。

STEP4 「ビデオ」タブの「変形」>「位置」を「X：-720px、Y：0px」とします。

「位置」の値を変更をすると、変更したフレームにキーフレームが自動的に設定されます。

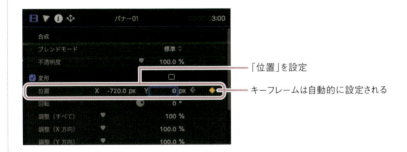

ベースの板が下から上に上がってくる動きが設定できました。再生してみると次のような動きになります。

上に上がって見えなくなる動きを設定する

続いて、動きの設定の後半です。今度はベースの板が上に上って見えなくなるまでの動きを設定します。

STEP1 再生ヘッドをタイムラインの先頭から2秒後の位置（タイムコード表示では1秒29フレーム）に移動します。

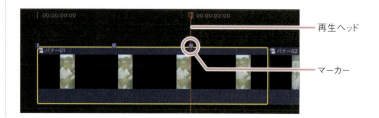

再生ヘッド
マーカー

STEP2 「ビデオ」インスペクタの「変形」>「位置」にキーフレームを追加しておきます。

上に上がる動きの起点となるキーフレームが設定されます。

STEP3 再生ヘッドを先頭から3秒後の位置（タイムコード表示では2秒29フレーム）に移動します。

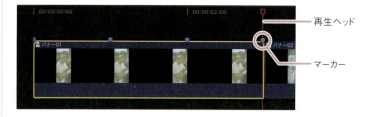

再生ヘッド
マーカー

STEP4 「ビデオ」インスペクタの「変形」>「位置」を「X：-720px、Y：1080px」に設定します。

キーフレームが自動的に設定されます。上に上がる動きの終点となるキーフレームが設定されます。

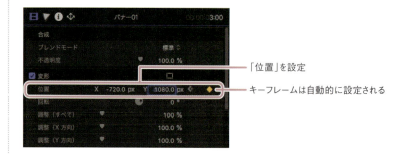

「位置」を設定
キーフレームは自動的に設定される

この部分を再生してみると図のような動きになります。

6 | バナーの動きをマウスで設定する

キーフレームの設定は、数値を使わずに、ビューア内のマウス操作でも設定できます。厳密な位置の設定は難しいですが、感覚的な動きを作るには手動で設定するほうが適している場合もあります。ここではバナーが下から上に移動する動きを手動で設定してみましょう。

STEP1 タイムラインの1秒後の位置（タイムコード表示では29フレーム）に再生ヘッドを移動します。

STEP2 クリップを選択し、ビューア左下のプルダウンメニューから「変形」を選択します。

クリップに「変形」の枠が表示されます。

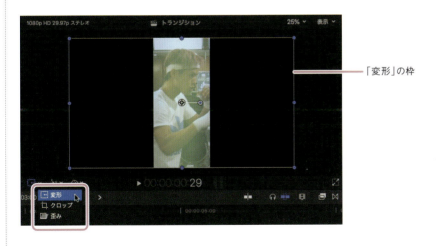

「変形」の枠

STEP3 バナーが画面の左端に位置するようにマウスでドラッグで移動します。位置が決まったらビューアの左上に表示される「キーフレーム」ボタンをクリックしてキーフレームを設定します。

これで動きの終わりのキーフレームが設定されました。

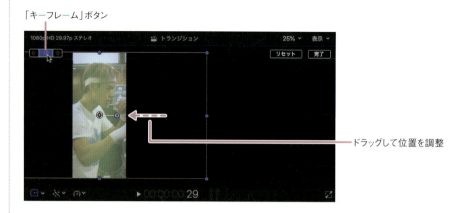

「キーフレーム」ボタン

ドラッグして位置を調整

STEP4 動きの始めに戻ってクリップの位置を調整します。再生ヘッドをクリップの最初のフレームに移動します。

STEP5 バナーが画面の外に出る位置にクリップを移動します。キーフレームは自動的に設定されます。ビューア右上の「完了」をクリックすると、「変形」モードが解除されます。

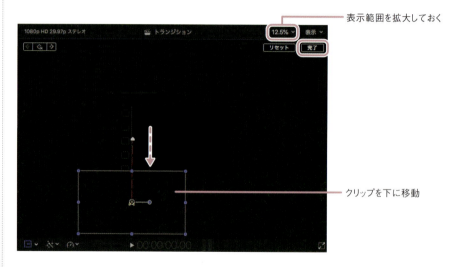

表示範囲を拡大しておく

クリップを下に移動

この部分を再生すると前項と同じように下から上にスライドする動きになります。このように、マウス操作でもクリップにキーフレームを設定できます。数値指定かマウス操作か、場面に応じて方法を選んでください。

Column
キーフレームの「直線状」と「スムーズ」

「位置」のキーフレームを設定すると、ビューア上にクリップの動きの軌跡がラインで表示されます❶（ラインが表示されないときは、ビューア左下のプルダウンメニューから「変形」ボタンを選択します）。
キーフレームのポイントを右クリックすると、「直線状」と「スムーズ」が表示されます❷。これは動きに加速度を設定する選択項目です。初期設定では「スムーズ」が適用されます。
「直線状」は、動きが等速で変化します。速度の変化はありません。「スムーズ」は、動きに加速度が付加されます。起点では加速し、終点では減速します。
また、キーフレームからハンドルを伸ばし、移動の軌跡を曲線にして、アニメーションのように複雑な動きも設定できます❸。

キーフレーム　　動きの軌跡

キーフレームのポイントを右クリックしてメニューを表示

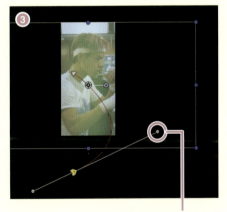

ハンドルで軌跡を曲げる

2-4 マルチレイヤーでトランジションを作成する

139

7 複数のバナーに動きをつける

「バナー01」の動きを設定したら、ほかのバナーにも動きを設定します。

パラメータをコピー&ペーストする

「エフェクトをペースト」または「パラメータをペースト」を使うと設定をコピーできるので便利です。

STEP1 タイムライン上の「バナー01」を選択し、「⌘」+「C」キーを押してコピーします。または、「編集」メニューから「コピー」を選択します。

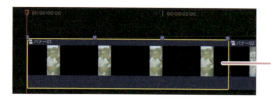

クリップを選択してコピー

STEP2 「バナー02」を選択し、「編集」メニューから「パラメータをペースト」を選択します。

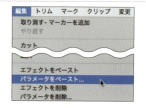

STEP3 「パラメータをペースト」ダイアログが表示されます。「ビデオパラメータ」>「変形」>「位置」が選択されているのを確認し、「ペースト」をクリックします。

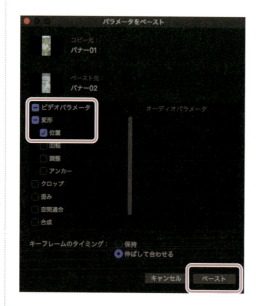

STEP4 　同様にして、「バナー03」と「バナー04」に、「バナー01」のキーフレーム設定をコピー&ペーストします。

「バナー01」の「位置」のキーフレームと同じ設定がペーストされます。再生すると、どれも同じ動きになっていることがわかります。

Memo 「エフェクトをペースト」と「パラメータをペースト」

通常のコピー&ペーストではクリップ本体がコピーされますが、「エフェクトをペースト」ではクリップに設定されたすべてのエフェクトをペーストします。また、複数のエフェクトが設定されている場合は、「パラメータをペースト」を選択すると、コピーするエフェクトを選択できます。エフェクトをまとめてコピーする場合は「エフェクトをペースト」、一部のエフェクトを選んでコピーしたい場合は「パラメータをペースト」、と使い分けるようにしましょう。

バナーの動きを個別に設定する

このままではすべてのバナーが同じ動きになってしまいます。「バナー01」から「バナー04」まで、左から並んで表示されるように個別に設定してみましょう。

STEP1 　「バナー02」の先頭に再生ヘッドを移動します。

再生ヘッド
「バナー02」

STEP2 「ビデオパラメータ」>「変形」>「位置」を「X：-240px、Y：-1080px」に変更します。変更後、キーフレームの左にある「->」ボタンを押します。次のキーフレームに移動します。

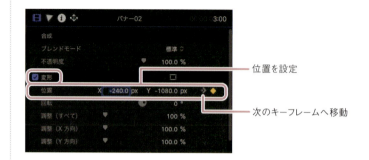

位置を設定

次のキーフレームへ移動

STEP3 次のキーフレームに移動したら、「位置」を「X：-240px、Y：0px」に変更します。X軸、つまり横方向の位置を変更するわけです。

ビューアを見るとバナーの位置が変わっているのがわかります。

STEP4 残り2つのキーフレームも同様にして「->」ボタンを押して移動し、「X」を「-240px」に変更します。3つ目のキーフレームは「位置」を「X：-240px、Y：0px」に、最後のキーフレームは「位置」を「X：-240px、Y：1080px」に設定します。

位置が変更される

「位置」の値を設定

STEP5 「バナー03」と「バナー04」も、「バナー01」の「位置」のパラメータをコピーしてから、キーフレームの「X」の値を変更します。「バナー03」は「X：240px」、「バナー04」は「X：720px」に設定します。

STEP6 キーフレームの設定が終わったらバナーを重ねて動きをチェックしましょう。図のように「バナー01」の上に「バナー02」から「バナー04」をドラッグして重ねます。

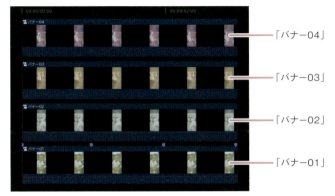

「バナー04」
「バナー03」
「バナー02」
「バナー01」

これを再生すると、前半では「バナー01」～「バナー04」が一斉に画面の下から上に上がります。

バナーの再生タイミングをずらす

バナーの再生タイミングをずらして、順番に下から上に上がってくるように調整してみましょう。

STEP1 「バナー02」を選択し、ビューア下のタイムコード表示をクリックします。キーボードから「+5」と入力し、「return」キーを押します。

「バナー02」が5フレーム分、右に移動します。

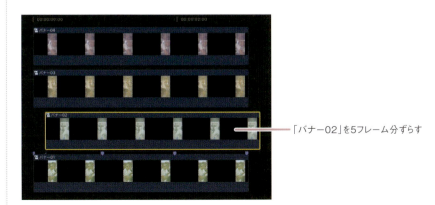

「バナー02」を5フレーム分ずらす

STEP2 同様に「バナー03」もビューア下のタイムコード表示をクリックし、「＋10」と入力して「return」キー、「バナー04」は「＋15」と入力して「return」キーを押します。

図のようにバナーのタイミングが階段状にずれて配置されます。

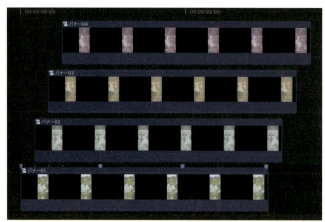

↑4つのバナーのタイミングをずらして配置

これを再生すると、「バナー01」〜「バナー04」が順番に画面の下から上に上がります。

8 バナーを複合クリップにまとめる

複数の複合クリップをまとめて、さらに1つの複合クリップにすることもできます。複合クリップにまとめることで、トランジション（画面転換）のクリップとして使えるようになります。

STEP1 タイムライン上のすべてのクリップを選択します。「⌘」+「A」キーを押すとすべてのクリップを選択できます。

STEP2　いずれかのクリップを選択して右クリックし、メニューから「新規複合クリップ」を選択します。

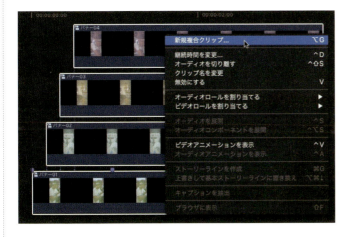

2-4 マルチレイヤーでトランジションを作成する

STEP3　複合クリップ名を入力し、「OK」を押します。ここでは「バナー　トランジション01」という名称にしました。

複合クリップ名を入力

STEP4　タイムラインのクリップが複合クリップにまとまります。

ブラウザ内に「バナー　トランジション01」という名称で複合クリップが作成されます。

作成された複合クリップ

145

作成した複合クリップをトランジションとして使う

通常の編集の中で、作成したトランジションのクリップを使ってみましょう。

STEP1 基本ストーリーラインにクリップが並んでいます。クリップの編集点にブラウザ内の「バナー　トランジション01」をドラッグして接続します。

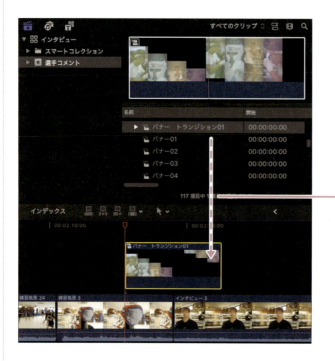

STEP2 「バナー　トランジション01」の中心でクリップが切り替わるようにタイミングを調整します。

再生すると、図のような画面転換になります。

トランジションのクリップを斜めにすると、画面に躍動感が出ます。ここでは「変形」の「回転」を「-10度」に、調整を「130%」に設定しました。

複合クリップをカスタマイズする

作成したトランジション用複合クリップ「バナー　トランジション01」をコピーして、カスタマイズします。

STEP1 複合クリップ「バナー　トランジション01」をダブルクリックするか、「バナー　トランジション01」を選択して、「クリップ」メニューから「クリップを開く」を選択します。

複合クリップをダブルクリック

右図のようにクリップ独自のタイムラインが展開されます。複合クリップのタイムラインでは、通常のタイムラインと同様に、クリップのモーションやエフェクトを編集、修正できます。

ただし、複合クリップで修正した内容は、その複合クリップを使ったすべてのプロジェクトに反映されます。

せっかく作った作品が変わってしまっては困りますね。そこで、はじめに複合クリップのコピーを作成し、それをカスタマイズすることにします。ブラウザ内の複合クリップはそのままではコピーできないので、いったんプロジェクトに配置します。

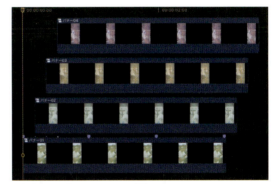

↑複合クリップのタイムラインが展開

STEP2 新たなプロジェクトを作成し、「バナー　トランジション01」を基本ストーリーラインに置きます。

複合クリップを基本ストーリーラインに配置

STEP3 複合クリップを選択し、「クリップ」メニューから「新しい親クリップを参照」を選択します。

2-4 マルチレイヤーでトランジションを作成する

ブラウザ内に複合クリップのコピーが新たに作成されます。また、タイムラインの複合クリップの名称が「バナー　トランジション01 コピー」に変わります。このコピーを編集しても既存のクリップは影響を受けません。

作成された複合クリップのコピー

STEP4　コピーした複合クリップの名称を「バナー　トランジション02」に変更します。

STEP5　複合クリップ「バナー　トランジション02」をダブルクリックしてタイムラインを開き、カスタマイズします。

なお、新規に作成したプロジェクトはゴミ箱に移動してしまってもかまいません。複合クリップのコピーはそのままブラウザ内に残ります。

コピーの名称を変更

キーフレームをカスタマイズすることで、たとえば、下図のように幕が引かれるようなトランジションを作成できます。

このようにレイヤーを活用して「複合クリップ」と「キーフレーム」を組み合わせることで、さまざまな表現を工夫して創り出すことができます。いろいろ試して、オリジナルな映像を作ってみましょう。

2-5 エフェクトを使いこなす

Final Cut Pro Xユーザーであれば、エフェクトを使ったことのない人はいないでしょう。クリップの色やサイズを変えたり、ぼかしたり、影をつけたりと、さまざまなエフェクトを使って、映像を華やかに彩ることができます。本節では、作例を用いて、さまざまなエフェクトの使い方を紹介します。

手書き風の効果、枠とシャドウ

肌をなめらかに明るく魅せる（修正前）（修正後）

画面の一部をぼかす

ミニチュア風の画像

映像を鏡のように反射させる

1 エフェクトの基本テクニック

タイムラインの「エフェクト」ブラウザから目的のエフェクトを選び、タイムライン上のクリップに適用するというのがエフェクトの使い方の基本です。エフェクトの調整はインスペクタで設定します。

クリップにエフェクトを適用する

タイムラインのクリップにエフェクトを適用しましょう。

STEP1 「エフェクト」ブラウザを開き、適用したいエフェクトを選びます。タイムラインのクリップにエフェクトをドラッグします。または、クリップを選択して、エフェクトをダブルクリックします。

ここでは、「コミック外観」から「コミック（クール）」を選択しました。

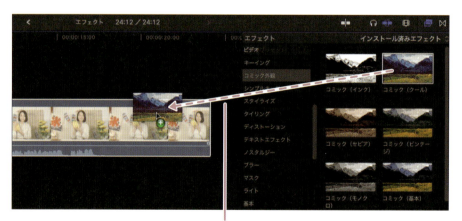

クリップにドラッグ

ビューアで確認します。左がエフェクトの適用前、右が適用後です。「コミック外観」には実写の映像を手書きの絵のように変換するユニークなエフェクトが収められています。

エフェクトのパラメータを調整する

2-5
エフェクトを使いこなす

クリップに適用したエフェクトには個別の調整項目が設定されています。

STEP1 クリップを選択し、「ビデオ」タブ🔲を表示します。

エフェクト「コミック（クール）」が追加されています。各パラメータのスライダーを調整することで、エフェクトを調整できます。エフェクト名の左にあるチェックを外すと、適用されているエフェクトを個別にオフにできます。

パラメータを調整

エフェクトを追加する

クリップには複数のエフェクトを適用できます。「コミック（クール）」を適用したクリップに、枠線とドロップシャドウを加えてみましょう。

STEP1 前準備としてクリップの下に「ジェネレータ」から「テクスチャ」>「ピンストライプ」を配置します。

ピンストライプ

STEP2 クリップを「変形」>「調整」で「70％」のサイズに縮小しました。

ビューアで確認するとこのようになります。

「調整」でクリップのサイズを縮小

STEP3 「エフェクト」ブラウザ 🗔 で、「スタイライズ」の「基本枠線」と「ドロップシャドウ」をクリップに適用します。

STEP4 「ビデオ」🗔 インスペクタで調整します。「基本枠線」で色と枠の太さ、「ドロップシャドウ」で影の位置などを設定します。

影の位置はマウスのドラッグでも調整できます。

ドラッグして影の位置を調整

Column
エフェクトが多いときは
「インスペクタの高さを切り替え」を使おう

エフェクトを追加してインスペクタの表示が狭いと感じたら、インスペクタのタイトルをダブルクリックします。または「表示」メニューから「インスペクタの高さを切り替え」を選択します。すると、図のようにインスペクタがタイムラインの下まで伸びて表示されます。多くのパラメータを同時に調整するときは、このモードを使うと扱いやすくなります。再びタイトルをダブルクリックすると、インスペクタは元のサイズに戻ります。

クリップ名をダブルクリック

インスペクタの高さが切り替わる

エフェクトのプリセットを保存する

クリップに適用したエフェクトはまとめて1つのプリセットとして保存しておくことができます。保存したプリセットはほかのクリップにも適用できます。

STEP1　「ビデオ」タブ 🎬 右下の「エフェクトプリセットを保存」をクリックします。

STEP2 「ビデオ・エフェクト・プリセットを保存」が表示されます。「名前」に保存するプリセット名を入力し❶、「カテゴリ」❷でプリセットの保存先を選択します。新規のカテゴリを作る場合は「新規カテゴリ」を選択し、カテゴリ名を入力します。「保存」❸を押すとプリセットが保存されます。

プリセット名を入力

STEP3 「エフェクト」ブラウザ内の指定したプリセット内にプリセットが保存されます。保存したプリセットはタイムラインのほかのクリップにドラッグして適用できます。

クリップにドラッグ

保存されたプリセット

タイムラインに追加したクリップにプリセットを適用、サイズを調整し、最後にタイトルを加えました。このように、プリセットを作っておくと、さまざまなクリップに適用できるので便利です。

写真

動画

2 | 肌をなめらかに明るく魅せる「美顔」テクニック

2-5 エフェクトを使いこなす

エフェクトを活用したさまざまな表現テクニックをご紹介しましょう。はじめは「美顔」テクニックです。被写体になる人は誰であってもきれいに映して欲しいと思うものです。「ノイズリダクション」と「カラーボード」の組み合わせで「美顔」エフェクトを作成してみましょう。

「ノイズリダクション」を設定する

「ノイズリダクション」は画面のざらざらとしたノイズを軽減するエフェクトです。暗い場所で撮影した感度の低い映像の改善に効果を発揮しますが、ここでは肌をなめらかにするために用います。

STEP1 タイムラインにクリップを用意します。

STEP2 「エフェクト」ブラウザ 🖿 の「基本」>「ノイズリダクション」を選択してクリップにドラッグします。

「ノイズリダクション」をクリップにドラッグ

155

STEP3　「量」でぼかしの程度を、「シャープネス」でエッジの強調具合を調整します。

ビューアが狭い場合は拡大表示にして、細部を確認しながらインスペクタでパラメータを調整しましょう。

ここではわかりやすいように、「量」を「最大」に「シャープネス」を「高」にして設定しました。2つの画像を比較してみると違いがわかりますね。肌がきめ細かく、目がパッチリしています。

↑ノイズリダクション：オフの画像

↑ノイズリダクション：オンの画像（目がパッチリ！　肌がなめらかに）

「カラーマスク」を設定する

エフェクトを画面の一部分に設定したい場合は「カラーマスク」または「シェイプマスク」を用います。ここでは「カラーマスク」を用いて「ノイズリダクション」の範囲を調整します。

STEP1 クリップに設定した「ノイズリダクション」◉のポップアップメニューから「カラーマスクを追加」を選択します。

ここをクリックしてポップアップメニューを表示

STEP2 エフェクト「ノイズリダクション」の下に「カラーマスク」が表示されます。スポイトツール 🖋 が青色になっているのを確認して、画面の任意の箇所をドラッグします。

スポイトツール

ドラッグすると指定した色域を中心に、選択される範囲がハイライトで表示されます。灰色に表示されている部分はエフェクトの範囲外の部分になります。

色域が選択される

2-5 エフェクトを使いこなす

STEP3 「カラーマスク」の下の「Softness」で適用範囲のぼかし具合を調整できます。画像を見ながら、自然に見えるように調整します。

「Softness」で適用範囲を調整

「カラーボード」を設定する

「カラーボード」の「露出」を使って、顔を明るくしましょう。

STEP1 「カラー」タブ ▼ の「カラーボード」を表示します。「露出」から「ハイライト」と「中間色調」のコントロールを上げて顔が明るく見えるようにします。

STEP2　このままでは画面全体が明るくなってしまうので、「シェイプマスク」を使って範囲を指定します。設定した「カラーボード」のプルダウンメニューから「シェイプマスクを追加」を選択します。

STEP3　「シェイプマスク」が画面に表示されます。顔に合わせてサイズと範囲をマウスで調整します。内側のラインがエフェクト100%の範囲、外側が0%の範囲で、その間がエフェクトのグラデーションになります。

ドラッグして範囲を調整

STEP4　被写体が画面の中で動いている場合は、動きに合わせてキーフレームを設定し、エフェクトの範囲を調整します。

動きに合わせて範囲を調整　　　　　　　　　　キーフレーム

STEP5 ビューアの表示を全体表示に戻して、再生して確認します。違和感があれば修正します。

これでメイクアップが完成です。左が補正なし、右が補正ありです。

Column
美顔専用のプラグイン「Makeup Artist III」

本気でツルツルの美白効果を得たいなら、専用のプラグインを導入するとよいでしょう。「Makeup Artist III」は美顔専用のプラグインです。専用ソフトなだけに肌をこれでもかというほどにツルツルにしてくれます。本体は約99ドルで少し高価ですが化粧品代と思えば安いかもしれませんね。
「Makeup Artist」はプラグインソフトであるFxFactoryをホストとして機能します。ダウンロードURLは下記の通りです。試用版もあります。

https://fxfactory.com/info/makeupartist3

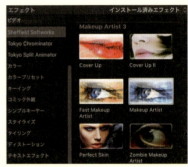

↑「Makeup Artist III」：目的別にツールが分かれて収められている。通常は「Makeup Artist」を用いる。

↑「Makeup Artist」の設定画面

3 | 画面の一部をぼかす

画面の特定の部分だけをぼかして隠したい、というときがあります。人物や商品、文字などをぼかしたいときは「美顔」エフェクトと同様に「シェイプマスク」を使うことで、範囲を定めてエフェクトを設定できます。本作例では画面の一部をぼかします。

2-5 エフェクトを使いこなす

「ガウス」を設定する

エフェクトの「ブラー」から「ガウス」を用いて画面をぼかします。

STEP1 タイムラインにクリップを用意します。「エフェクト」ブラウザ 🗔 から「ブラー」>「ガウス」を選択してクリップにドラッグします。

STEP2 クリップに「ガウス」が追加されます。「ビデオ」タブ 🗔 の「ガウス」のプルダウンメニューから「シェイプマスクを追加」を選択します。

「ガウス」が適用されたクリップ　　　　　　　　　「シェイプマスクを追加」を選択

STEP3　「エフェクト」に「シェイプマスク」が追加されます。ビューアで確認しながら、ぼかす範囲を決めます。また、ぼかしの強度を「ガウス」のパラメータで設定します。

範囲を調整　　　　　　　　　　強度を調整

STEP4　ぼかす範囲が決まったら、キーフレームで動きの設定を行います。対象物の動きに合わせて、「シェイプマスク」のキーフレームを設定します。

キーフレームを設定

図のような動きになりました。

画面の一部分をモザイクで隠す

「ガウス」の代わりに「スタイライズ」から「ピクセル化」を選ぶと、モザイク表示になります。図のように「ピクセル化」を設定したのちに「シェイプマスク」を使い、必要な範囲だけモザイクにしています。このように「シェイプマスク」を用いることで、画面の一部を隠したり、強調したりできます。

「ピクセル化」

「シェイプマスク」で「マスクを反転」を選択すると、エフェクトはマスクの外側に設定されます。以下の例では、クリップに「カラー」>「白黒」エフェクトを適用し、「シェイプマスク」を設定後に「マスクを反転」しています。

「白黒」

4 ミニチュア風の画面を作る

ビル街などの実景の前後をボケさせ、ミニチュアやジオラマのように見せる、という撮影技法を「チルトシフト」といいます。本格的には専用の「チルトシフトレンズ」を用いて撮影するのですが、Final Cut Pro Xのエフェクトを用いて似たような効果を作ることができます。

本例では「ブラー」の「焦点」と「カラープリセット」の「コントラスト」を用います。この2つを組み合わせると、実景を右図のようにミニチュア風に見せることができます。

「焦点」で前後をぼかす

STEP1 タイムラインのクリップに「ブラー」から「焦点」エフェクトを選択して適用します。

STEP2 インスペクタで「焦点」の設定を行います。「Amount」でぼかしの量を、「Softness」でぼかしのグラデーションを調整します。「焦点」の中心はマウスのドラッグで調整します。

ドラッグして中心を設定　　　　　　　　「焦点」

「コントラスト」で彩度を上げる

レゴのようなプラスチック風の色合いにするために、彩度を調整します。

STEP1 タイムラインのクリップに「カラープリセット」から「コントラスト」エフェクトを選択して適用します。

画面の明度が強調され、実際の建物や人が玩具のように見えます。

「カラーボード」が設定される

「コントラスト」は「カラーボード」のプリセットの1つです。クリップに設定された「カラーボード」を開き、「サチュレーション」（彩度）の各パラメータのコントロールをスライドさせて値を上げます。彩度が強調され、人や建物がレゴのようなプラスチック風の質感になります。

サチュレーション

ハイライトのコントロール

左がエフェクトの設定前、右が設定後です。ずいぶん印象が異なっているのがわかりますね。

Column
「カラープリセット」を使ってみよう

「カラープリセット」は色調整ツールの「カラーボード」のプリセット集です。「春の太陽」「月光」「暖かく」「明るくする」「クール」など、さまざまなネーミングのプリセットが収められています。

「カラーボード」で色を調整するのは苦手という人でも、プリセットを使えば雰囲気のある画調を簡単に作れます。
ただし、適用すると元のネーミングではなく、すべて「カラーボード」になってしまうので、どのプリセットを使ったか忘れないようにしましょう。

↑プリセットなし　　↑ドライ　　↑コントラスト　　↑灰

2-5 エフェクトを使いこなす

5 映像を鏡のように反射させる

水面に風景が反射して映りこむような、鏡面の映像を作成する方法です。ボリビアのウユニ塩湖のように、天地が逆になって反射しているような映像になります。本例の完成は右のような画面になります。

「変形」でクリップを切り取る

本例では、遠くまで広がるような風景素材を用意しています。まず、「変形」でクリップの切り取り部分と位置を調整します。

STEP1 「ビデオ」タブ ▣ を表示し、「クロップ」>「下」のスライダーを動かして、鏡面との境目にする部分まで画面を切り取ります。

「クロップ」で画面を切り取る

STEP2 「変形」>「位置」>「Y」の値を調整して画面全体の位置を調整します。

画面の位置を上に上げる

「位置」で画面の位置を調整

鏡面で反射するクリップを作成する

クリップをコピーし、鏡面として画面の上下を逆さにして配置します。

STEP1 基本ストーリーラインにあるクリップを選択し、「option」キーを押しながら上にドラッグして、クリップのコピーを作成します。

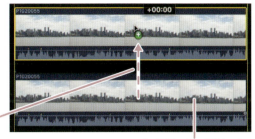

「option」キーを押しながら上にドラッグ

STEP2でこのクリップの画面の上下を逆さにする

STEP2 基本ストーリーラインにあるコピー元のクリップの画面の上下を逆さにします。「変形」＞「回転」の値を「180」にします。これでクリップの上下が逆になります。また、「変形」＞「位置」から「Y」の値を調整して境目の位置に合わせます。

180度回転して位置を調整

180度回転したクリップ

STEP3 画面の左右を逆転させます。「エフェクト」ブラウザ の「ディストーション」から「反転」を選択してクリップに適用します。

これで鏡面になるクリップの配置が完了しました。

「反転」

左右が逆になる

クリップにグラデーションを適用する

鏡面のクリップに質感を付加してみましょう。

STEP1 「エフェクト」ブラウザ の「マスク」から「グラデーションマスク」をクリップに適用します。クリップを選択し、ビューアでマークを移動させて「グラデーションマスク」を調整します。

「グラデーションマスク」

グラデーションを調整

STEP2 サイドバーの「タイトルとジェネレータ」から「グラデーション」を選び、クリップの下に配置します。

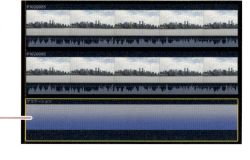

「グラデーション」を配置

STEP3 ビューアで確認しながら「ジェネレータ」タブ の「グラデーション」を調整します。

「グラデーション」を調整　　　　　「グラデーション」

STEP4　「ライト」から「スポット」を選択し、上下のクリップに適用します。

「スポット」を適用すると平板な画面に明暗の質感が加わります。

「スポット」を調整　　　　　　　　　　　　　　「スポット」

STEP5　仕上げとして「カラーボード」を使って「サチュレーション」の「マスター」の値を上げておきます。彩度を上げることでイラスト風なイメージになります。

これでできあがりです。左がエフェクトの設定前、右が設定後です。

↑エフェクト設定前

↑エフェクト設定後

2-6 「手ぶれ補正」を活用する

手持ち撮影で揺れる映像を見やすいように修正してくれるのが「手ぶれ補正」です。Final Cut Pro Xには強力な「手ぶれ補正」ツールが収められています。手持ち撮影の素材にはもちろん、三脚で撮影している映像にも使用すると効果がある場合があります。映像をなめらかにするツールとして「手ぶれ補正」を活用しましょう。

1 クリップに「手ぶれ補正」を適用する

STEP1 クリップを選択し、「ビデオ」タブ ■ の「手ぶれ補正」にチェックを入れます。

「ドミナントモーションを解析中」と表示され、映像の解析が始まります。

解析中の表示　　　　　　　　　「手ぶれ補正」

解析が終わると「手ぶれ補正」がクリップに適用されます。「手ぶれ補正」では「InertiaCam」と「SmoothCam」の2つのツールを使い分けることができます。

2つのツールを使い分ける

「InertiaCam」はパワフルなツールで、通常はこちらを使用します。ただし、補正のために画像の一部が歪むことがあります。「スムージング」のスライダーで補正の程度を調整することができます。

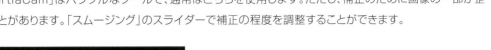

↑「InertiaCam」

「SmoothCam」は在来型の補正方法で、画像を動かして映像のブレを吸収するものです。「InertiaCam」でよい結果が出ない場合はこちらを試してみましょう。

↑「SmoothCam」

「変換」：縦と横の動きを補正します。
「回転」：画面の回転を補正します。
「調整」：画面の縮小を補正します

「三脚モード」を使う

解析の結果によっては「InertiaCam」で「三脚モード」にチェックを入れることができます。「三脚モード」では画面が三脚で撮影したように固定されます。「三脚モード」を活用するためには、撮影時に移動せず、固定したアングルで撮っておくようにします。

補正のために画面は拡大される　　　　「三脚モード」

三脚での撮影素材に「手ぶれ補正」を使う

三脚で撮影していても、パンやズームがぎこちない場合は、「手ぶれ補正」を適用するとよい結果が得られる場合があります。カメラワークに満足できずにNGにしていたショットも「手ぶれ補正」で復活するかもしれません。たとえば、電動ズームを使った撮影では、ズームの出だしが急に動く場合がありますが、「手ぶれ補正」を使うと、じわっとしたズーミングに修正してくれます。

↑ぎこちないズームを「手ぶれ補正」でなめらかに変換

Column
手持ちの揺れを再現する「ハンドヘルド」

手持ちの揺れを軽減するのが「手ぶれ補正」なら、反対に手ぶれ効果を作るのが「ハンドヘルド」です。三脚で撮影したり、スタビライザーで撮影した映像に手持ち風な「揺れ」を加えてくれます。「ハンドヘルド」は「エフェクト」ブラウザ■の「スタイライズ」に収められています。同じ「スタイライズ」内の「ビデオカメラ」や「画質の悪いテレビ」と併用すると、古い手持ち撮影のビデオ映像のような質感が得られます。

2-7 「マスク」で画面を切り取る

「マスク」を用いると画面を切り抜くことができます。レイヤーで重ねたクリップの場合、上のクリップを切り抜くと下のクリップが見えるようになります。本例では再び白鳥選手に登場してもらい、タイトルバックを作成しながら「マスク」について説明します。完成は以下のような画面になります。

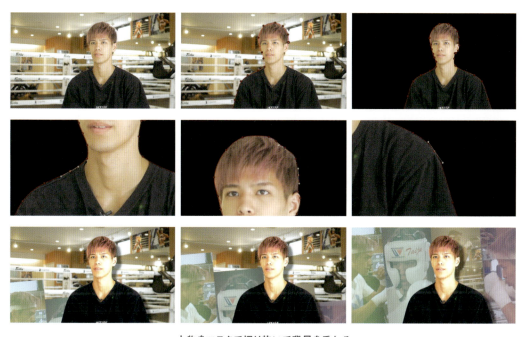

人物をマスクで切り抜いて背景を重ねる

1 「マスク」で画面を切り取る

インタビューの動画をフリーズさせて、白鳥選手だけを切り取ってみましょう。

STEP1 基本ストーリーラインにクリップを配置し、フリーズしたい位置に再生ヘッドを移動します。「編集」メニューから「フリーズフレームを追加」を選択します。

フリーズフレームがクリップに追加されます。

フリーズフレーム

STEP2 「エフェクト」ブラウザ ■ から「マスク」>「マスクを描画」を選択し、フリーズフレームにドラッグします。

クリップにドラッグ

「ビデオ」■ インスペクタにエフェクト「マスクを描画」が追加されています。ビューアで確認すると「クリックしてコントロールポイントを追加」と表示されています。

「マスクを描画」

2-7 「マスク」で画面を切り取る

STEP3　描画ツールがオン（青色）になっていることを確認し、画面をクリックしながら人物に沿ってポイントを追加していきます。あとで輪郭を調整するので、おおまかでかまいません。

ポイントを追加

STEP4　一筆書きで輪郭を描くようにポイントを追加します。最後に始点をクリックするとマスクが閉じ、囲った部分が切り取られます。

ポイントで囲った部分が切り取られる

2 「マスク」の輪郭を調整する

切り取ったマスクの境界線を調整して、人物の輪郭に合わせるようにします。

STEP1　ビューアを拡大表示にして、マスクの境界線を調整しましょう。設定したコントロールポイントをドラッグして、輪郭に合わせていきます。

ポイントをドラッグして位置を調整

STEP2　ポイントを右クリックし、表示されるメニューから「スムーズ」を選択すると曲線が描けます。

ポイントを右クリックして選択

175

STEP3 曲線はポイントのハンドルを操作して描きます。ハンドルを伸ばすと大きなカーブ、短くすると小さなカーブが描けます。また、ラインの途中を右クリックするとポイントを追加できます。

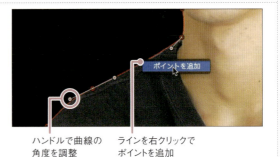

ハンドルで曲線の角度を調整　　ラインを右クリックでポイントを追加

STEP4 曲線では、ポイントのハンドルを右クリックすると「分割ハンドル」を選択できます。ハンドルを分割すると、ハンドルごとに個別に角度を設定してカーブを調整できるようになります。

ハンドルを右クリック

STEP5 ポイントを追加しながら輪郭を調整していきます。コツは細かい部分を気にしてポイントを打ちすぎないことです。髪の毛の先などは大胆にカットしてしまいます。輪郭が描けたら、最後に「ぼかし」で輪郭を少しぼかすようにして仕上げます。

Memo　きれいに画像を切り抜くなら「Photoshop」を使おう

「マスクを描画」は便利ですが、あくまで簡易的な切り抜きツールです。写真などの素材をきれいに切り抜くなら、画像専用ソフトである「Photoshop」などを使ったほうがよいでしょう。Final Cut Pro Xの素材を使う場合は、「ファイル」メニューの「共有」>「出力先を追加」で「現在のフレームを保存」を追加しておきます。次に「現在のフレームを保存」を使って画像を書き出し、「Photoshop」で加工します。「Photoshop」で画像を切り抜いたあとは透明部分をアルファチャンネルとして残すために、PNG形式などで保存し、Final Cut Pro Xで読み込みます。

3 「マスク」の背景を重ねる

人物を切り抜いたら、背景を重ねていきましょう。

STEP1 マスクで切り抜いたクリップを「option」キーを押しながら上にドラッグしてコピーします。

「option」キーを押しながら上にドラッグ

STEP2 下にある基本ストーリーラインのクリップを選択し、エフェクトの「マスクを描画」のチェックを外して普通のクリップに戻しておきます。

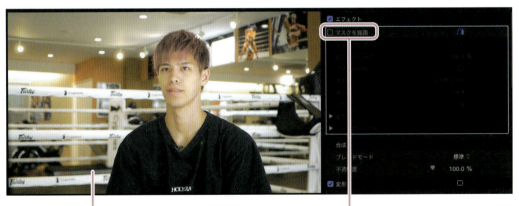

レイヤーの下のクリップ　　　「マスクを描画」のチェックを外す

STEP3 上下のクリップの間に新たな背景となるクリップを配置します。ここではP.128「2-4 マルチレイヤーでトランジションを作成する」で作成したバナーのトランジションを使っています。バナーが消えるクリップの後半は今回は必要ないので、途中からフリーズフレームにしています。

バナーのトランジション　　フリーズフレーム

2-7 「マスク」で画面を切り取る

177

図のような展開になりました。背景を切り替えることで、人物が強調されます。

STEP4 ここから先は好みのエフェクトやクリップを加えて、映像を強調していきます。本例では「カラープリセット」から「コントラスト」を、「スタイライズ」から「ドロップシャドウ」を追加しました。白鳥選手がより強調されました。

STEP5 画面に文字を加えてタイトルを作成します。インタビューのクリップの間にタイトルクリップを2つ挿入しました。

サンドイッチのように間にいろいろな具を挟み込んでデザインをしていくわけです。タイトルの作成についてはChapter 3で解説します。ここではさらに白鳥選手を強調するために、切り抜いたフリーズフレームにキーフレームを設定して徐々に拡大するような動きをつけています。文字もスライドで動くようにしています。レイヤーを活用しながらドロップシャドウなどを用いてレイアウトすることで、画面に立体感が生まれます。

タイトルクリップ

2-8 「キーヤー」でクロマキー合成を行う

「マスクを描画」ではフリーズフレームのような静止画を切り抜くことはできますが、動いている映像をきれいに切り抜く目的には適していません。動画を切り抜くにはグリーンバックなどを用いてクロマキー合成を行うのが最も簡単です。

元の動画　　　　　　　　　クロマキー合成で人物を切り抜く

切り抜いた人物と背景を合成

元の動画　　　　　　　　　グリーンバックを切り抜く

「キーヤー」でグリーンバックをキーアウトし、シルエットを作る

1 「キーヤー」で背景をキーアウトする

「クロマ」とは色情報のことです。クロマキー合成は一定の範囲の色を用いて映像を切り抜き、合成する古典的な手法です。キーとなる色は緑や青が使われます。これは肌色に近い赤や黄を避けるためです。また、クロマキーで背景を抜くことを「キーアウト」といいます。ここでは基本的なクロマキー合成の手順を紹介します。

STEP1

グリーンバックで撮影した素材を用意します。

図の例ではレフ版タイプのグリーンバックを背景に撮影したので、余計な物が写り込んでいます。

グリーンバック

STEP2

「エフェクト」ブラウザ ▣ から「マスク」>「マスクを描画」をクリップに適用します。コントロールポイントを設定し、グリーンバックに合わせて背景を切り取ります。

グリーンバックの形に合わせて切り抜く　　「マスクを描画」

STEP3

「エフェクト」ブラウザ ▣ から「キーイング」>「キーヤー」を選び、クリップに適用します。

「キーヤー」はグリーンかブルーかを自動的に判別し、背景を切り抜きます。

STEP4 「キーヤー」のパラメータで切り抜き具合を調整します。はじめに「強度」でキーアウトする度合いを調整しましょう。人物の輪郭がきれいに抜けるように調整します。

グリーンの部分が切り抜かれる　　　　　　　　　　　　「強度」で輪郭を調整

STEP5 「表示」から「マット」を選択し、シルエット表示にして、影の部分がないか確認します。「穴を埋める」のパラメータを調整すると、影の部分や抜き残しの部分を消してくれます。

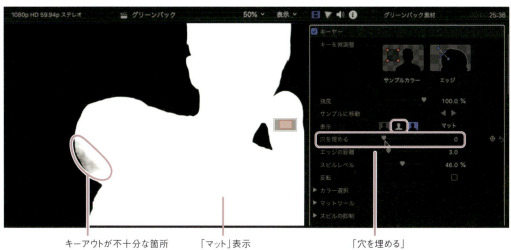

キーアウトが不十分な箇所　　　「マット」表示　　　　　「穴を埋める」

STEP6 グリーンバックに消し残りがある場合は、「キーを微調整」の「サンプルカラー」❶を使ってキーアウトする部分をドラッグして範囲を指定します❷。また、輪郭がきれいに抜けない場合は「エッジ」❸を使ってキーアウトする色とエッジの柔らかさを調整します❹。

「エッジ」ではハンドルを移動させてキーアウトの度合いを調整します。「サンプルカラー」と「エッジ」は1つのクリップにいくつでも設定できます。

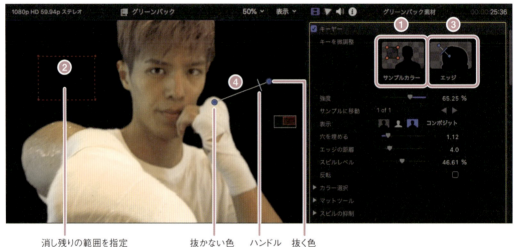

消し残りの範囲を指定　　抜かない色　　ハンドル　　抜く色

「キーヤー」の主なパラメータ

パラメータ	機能
「強度」	キーで抜く度合いを調整する。強度が「0」だとキーアウトしない。強度が強すぎると必要な部分も消えてしまうことがあるので注意
「サンプルに移動」	パラメータにキーフレームが設定された場合に、キーフレーム間を移動
「表示」	「コンポジット」：キーアウトした結果を表示
	「マット」：キーアウトした箇所を白で表示
	「オリジナル」：合成する前のクリップを表示
「穴を埋める」	被写体に残るキーアウトが不十分な部分を消したいときに使う。「エッジの距離」との併用でバランスをとりながら調整する。強すぎるとエッジの処理が汚くなるので注意
「エッジの距離」	エッジのボケ味を調整する。「穴を埋める」と併用して、キーアウトの具合を調整する。「穴を埋める」でエッジが強すぎるときに使う
「スピルレベル」	グリーンバック撮影で緑色が被写体に漏れてしまったときに、漏れを目立たなくする。ただし強めに使うと被写体の色全体が変わってしまうので注意
「反転」	切り抜く部分を反転する

2 背景の素材と合成する

2-8 「キーヤー」でクロマキー合成を行う

切り抜いたクリップを背景と合成してみましょう。合成した素材と背景がなじむように調整します。

STEP1 グリーンバックを切り抜いたら、背景の素材をグリーンバック素材の下に接続します。ここでは「ジェネレータ」から「背景」>「レイ」と「にじみ」を選びました。

「レイ」
「にじみ」

STEP2 背景の素材を調整します。「レイ」は集中線を描く「ジェネレータ」なので、線の中心が人物になるように設定しています。また、「Show Background」のチェックを外すと、背景の「にじみ」が見えるようになります。

中心をドラッグ

STEP3 グリーンバック素材の「キーヤー」に戻り、作成した背景とのマッチングを調整します。「マットツール」から「縮小／拡大」と「和らげる」のパラメータを調整します（STEP4の次ページ図）。

「縮小／拡大」はエッジの範囲を、「和らげる」はエッジのぼかし具合を設定します。

STEP4 必要に応じて「スピルの抑制」の「色合い」を調整します（次ページ図）。

「スピル」とは色漏れのことで、グリーンバックの緑色が被写体のエッジに映っている部分のことです。「色合い」を調整して背景となじむ色にするのがコツです。

↑「縮小／拡大」「和らげる」「色合い」でエッジを調整

STEP5 最後にグリーンバック素材にエフェクトを適用して仕上げます。ここでは「カラープリセット」の「コントラスト」と、「スタイライズ」の「クロスハッチ」を適用しています。

「クロスハッチ」はざらついた紙のような質感を加えるエフェクトです。

下図のような動きになりました。グリーンバックで撮影することで、簡単に人物を切り抜くことができます。もし、人物が緑色の衣装を着ていたら？ そのときは、ブルーのバックを使うようにしましょう。

3 「キーヤー」でシルエットを作る

グリーンバックで切り取った素材をシルエットとして使うことができます。カラフルな色合いでポップな雰囲気を演出してみましょう。本例の完成はこのような画面になります。

STEP1 図のような3つの素材を用意します。

↑グリーンバックで撮影した人物の素材

↑背景にする素材

↑シルエットにするグラデーション素材

このうち、背景素材は「ジェネレータ」の「背景」＞「スクラップブック」＞「花」、グラデーション素材は「ジェネレータ」の「テクスチャ」＞「グラデーション」を用いています。

STEP2 それでは合成していきましょう。はじめに背景素材の上にグリーンバックの素材を接続して重ねます。

グリーンバックの素材
背景素材

STEP3 「マスクを描画」でグリーンバックの形に周囲を切り抜きます。

「マスクを描画」で切り抜く

STEP4 続いて「キーヤー」でグリーンバックをキーアウトします。

「キーヤー」で切り抜く

STEP5 合成ができたら「キーヤー」のパラメータから「マット」を選択します。

切り抜いた部分が白いシルエットで表示されます。

切り抜いた部分　　　　　　　　「マット」

STEP6 クリップの上にグラデーション素材を重ねます。

このクリップに「ブレンドモード」を設定して、シルエットの形に切り抜くようにします。

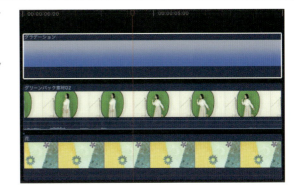

STEP7 グラデーションのクリップを選択し、「ビデオ」タブ■で「合成」>「ブレンドモード」>「背後」を選択します。

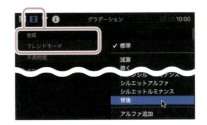

STEP8 グリーンバックの素材を選択し、「ビデオ」タブで「合成」>「ブレンドモード」>「シルエットルミナンス」を選択します。

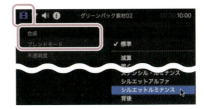

なお、このとき「ステンシル・ルミナンス」を選択するとシルエットになる素材が入れ替わります。

STEP9 図のように人物の形にグラデーションが切り抜かれます。背景のイメージに合うように、グラデーションの色合いを調整します。

シルエットの形にグラデーションが切り抜かれる　　グラデーションの色合いを調整

STEP10 さらに、グリーンバックの素材をコピーし、通常のクロマキー合成としてレイヤーの上に重ねました。

このように、シルエットを用いることで、画面に彩りを加えられます。

また、シルエットの合成を用いると、右のように情感のある映像も作れます。「ブレンドモード」を使った切り抜きは「タイトル」などの文字を使ったエフェクトでも用いるテクニックです。いろいろ工夫して、個性的な映像を作ってください。

Column
アルファチャンネルつきでムービーを書き出すには？

「マスク」や「キーヤー」を用いて背景を切り抜いたクリップは、透過情報を保持した形でムービーに書き出せます。ムービーを書き出す際に、「ビデオコーデック」の設定を通常の「Apple ProRes 422」ではなく、「Apple ProRes 4444」を選択すると、透過情報であるアルファチャンネルつきのムービーが書き出されます。このときプロジェクトの設定を変える必要はありません。

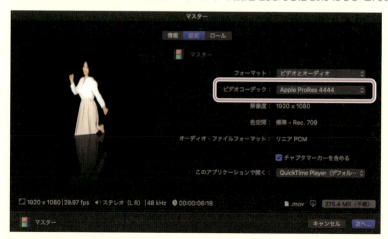

2-9 トランジションを活用する

「トランジション」とは画面転換の効果のことで、ショットを切り替えるときに使うエフェクトです。Final Cut Pro Xには多くのトランジションが収められており、クリップの間に挟むことで簡単に使えるので便利です。「ムーブ」系のトランジションでは画面の切り替えだけでなく、クリップに動きをつけることができます。

絵が徐々にを入れ替わる

画面の左にスライドアウト

枠内の都会の映像にのみトランジションがかかる。背景の森の映像はそのまま

この画像はエフェクトで自動作成したもの。前後の画像をスムーズにつなげている

1 トランジションの基本テクニック

トランジションを適用するには、「トランジション」ブラウザから目的のトランジションを選び、クリップの編集点（クリップのつなぎ目）にドラッグします。

トランジションをクリップに適用する

タイムラインのクリップの編集点にトランジションを適用しましょう。

STEP1　「選択」ツールでクリップ間の編集点を選択し、「⌘」+「T」キーを押します。

図のように編集点にトランジション「クロスディゾルブ」が設定されます。「クロスディゾルブ」は、トランジションのデフォルト（初期設定）です。

編集点を選択し「⌘」+「T」キー

デフォルトのトランジションが設定される

再生すると先行クリップから後続クリップへと徐々に画が入れ替わっていくのがわかります。

STEP2　「トランジション」ブラウザ ✕ からトランジションを選ぶ場合は、設定したいトランジションを編集点にドラッグします。または、編集点を選択し、「トランジション」ブラウザ内のトランジションをダブルクリックします。

トランジションを編集点にドラッグ

クリップを選択し、「トランジション」ブラウザ内のトランジションをダブルクリックすると、選択したクリップの両端にトランジションが設定されます。

2-9 トランジションを活用する

クリップの両端に設定される　　　　トランジションをダブルクリック

タイムラインで複数のクリップを選択し、「トランジション」ブラウザ内のトランジションをダブルクリックすると、選択したクリップに一斉にトランジションが設定されます。

選択したクリップすべてに設定される　　　トランジションをダブルクリック

> **Memo　デフォルトのトランジションを変更する**
>
> デフォルトのトランジションを変更するには、「トランジション」✉ブラウザ内で、デフォルトにしたいトランジションを右クリックし、メニューから「デフォルトにする」を選択します。次回から「⌘」+「T」キー押すと、選択したトランジションが適用されます。

2 │ トランジションの操作

トランジションは、適用後に長さを変更したり、移動したりできます。

トランジションの長さをマウス操作で変える

STEP1　トランジションの左右端をドラッグすると長さを変えることができます。トランジションを長く伸ばすと画面がゆっくりと入れ替わります。

ドラッグして長さを調整

191

トランジションの長さを数値で変える

STEP1 トランジションを右クリックし、表示されるメニューから「継続時間を変更」を選択します。

STEP2 ビューア下のタイムコードフィールドに継続時間が表示されるので、継続時間を「秒数＋フレーム数」（例：2秒の場合は「200」と入力）または「フレーム数」でキー入力します。

設定時間が表示される

トランジションを移動する

STEP1 トランジション中央の▶◀を左右にドラッグするとトランジションが移動します。

このとき、編集点も一緒に移動します。

ドラッグして位置を調整

トランジションをコピーする

トランジションはほかの編集点に同じ設定でコピーできます。

STEP1 トランジションを選択し、「編集」メニューから「コピー」を選択してコピーします。

STEP2 ほかの編集点を選択し、「編集」メニューから「ペースト」を選択します。

なお、「option」キーを押したまま、ほかの編集点にドラッグしてもコピー＆ペーストできます。

「インスペクタ」で設定項目を調整する

トランジションにはそれぞれ独自の設定項目があります。設定項目は、トランジションを選択すると、インスペクタに表示されます。図は「クロスディゾルブ」の設定項目です。

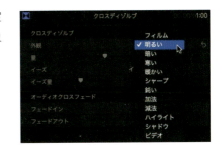

トランジションを削除する

トランジションを選択し、「delete」キーを押すと削除されます。

> **Memo　トランジションのデフォルトの継続時間を変更する**
>
> トランジションの継続時間はデフォルトでは1秒間に設定されています。デフォルトを変更するには、「Final Cut Pro」メニューから「環境設定」>「編集」を選択します。「トランジションの継続時間」でデフォルトの継続時間を変更します。
>
>

3　「スライド」と「調整」を活用してクリップに動きを加えよう

「ムーブ」系のトランジションでは、レイヤーのクリップに動きをつけることができます。キーフレームを設定するより簡単なので、単純な動きであればこちらを使ったほうが効率的です。

「スライド」でレイヤーのクリップをスライドインする

「スライド」を使ってレイヤーで重ねたクリップを動かしてみましょう。

STEP1　サイドバーの「タイトルとジェネレータ」から「ジェネレータ」>「背景」>「キネティック」>「ビルド」を基本ストーリーラインに配置し、その上に背景を切り抜いたクリップを接続して重ねます。

この例では「キーヤー」でグリーンバックを抜いたクリップを用意しました。

背景を切り抜いたクリップ　　「ビルド」

STEP2 レイヤーのクリップの左端を選択します。「トランジション」ブラウザ ⊠ から「ムーブ」>「スライド」をダブルクリックしてクリップに適用します。

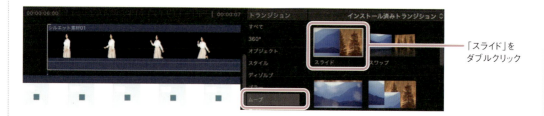

「スライド」を
ダブルクリック

STEP3 クリップに適用されたトランジションを選択し、インスペクタを表示し、「タイプ」を「スライドイン」、「方向」を「左」に設定します。

画面の外から人物がスライドインする動きが設定されました。トランジションを長くするとゆっくりとした動き、短くすると速い動きになります。

STEP4 「方向」を「カスタム」にすると、ビューア上の矢印の角度で向きを調整できます。

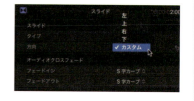

方向を調整

←右下から左上に移動する動きを作ることもできる

「スライド」でレイヤーのクリップをスライドアウトする

2-9 トランジションを活用する

画面の外にスライドアウトする動きを設定します。

STEP1 「option」キーを押しながら左端のトランジションを右端にドラッグします。

トランジションがコピーされます。

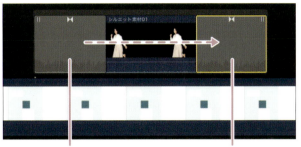

「option」キーを押しながら右端にドラッグ　　コピーが作成される

STEP2 コピーしたトランジションを選択し、インスペクタを表示し、「タイプ」を「スライドアウト」、「方向」を「左」に設定します。

クリップが画面の左にスライドアウトします。

画面の左にスライドアウトする

ほかのトランジションに変える

既存のトランジションをほかのトランジションに変更します。

STEP1 クリップに設定された「スライド」トランジションを選択し、「トランジション」ブラウザの「ムーブ」>「調整」をダブルクリックします。

既存のスライドが入れ替わります。

既存のクリップを選択　　ダブルクリックで入れ替わる

195

「調整」は「拡大／縮小」のトランジションです。インスペクタで「Direction」>「In」を選択すると、拡大したクリップが縮小しながらディゾルブインする効果を作ることができます。このように「スライド」と「調整」は簡単に使えるので、レイヤーに動きを与えたいときは使ってみるとよいでしょう。

縮小しながらディゾルブイン

4 | レイヤーのクリップのみにトランジションを設定する

レイヤーのクリップにトランジションを設定すると、トランジションは直下にあるクリップとの間で設定されます。レイヤーのクリップのみにトランジションを設定する場合は次の方法を用います。

クリップにトランジションを設定する

クリップにトランジションを設定しておきます。ここでは、基本ストーリーラインの森の映像に都会のビルの映像を子画面（ピクチャーインピクチャー）で重ねた例で説明します。わかりやすいように子画面には「基本枠線」のエフェクトを設定しています（下図左）。タイムラインでは下図右のような配置になります。接続したクリップに「ブラー」>「ズームとパン」のトランジションを設定しています。

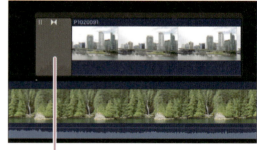
基本ストーリーラインのクリップ　　子画面　　　　　　「ズームとパン」のトランジション

この部分を再生すると図のように、2枚目の森の映像にズームのブラーが加わっているのがわかります。森の映像と都会の映像の両方にトランジションが設定されているのです。

レイヤーのクリップのみにトランジションを設定する

2-9 トランジションを活用する

背景の森のクリップにはトランジションを加えずに、上のレイヤーのクリップのみにトランジションを設定してみます。

STEP1 接続したクリップを「ブレード」ツールを用いて前後にカットします。

STEP2 カットした前部分のクリップを選択します。

前のクリップを選択　「ブレード」ツールで前後にカット

STEP3 「ビデオ」インスペクタでクリップの「不透明度」を「0%」にします。これで前部分のクリップは消えて見えなくなります。

STEP4 カットした部分に「トランジション」ブラウザから「ブラー」>「ズームとパン」を設定します。

「ズームとパン」

この部分を再生すると、下図のように森の映像には影響なく、都会の映像にのみトランジションが設定されます。

5 インタビューで役に立つ「フロー」

トランジションの中でもユニークな存在が「フロー」です。これはトランジションだと気づかせないためのトランジションなのです。

「フロー」トランジションを設定する

「フロー」はインタビューなどで間をカットした編集を目立たなくさせるためのトランジションです。

STEP1 インタビューのクリップを用意します。撮影途中で出演者が咳をしたりなど、中抜きしたい箇所がある場合には該当する部分をカットし、間を詰めます。

中抜きしたい箇所を詰める

STEP2 「トランジション」ブラウザ ⊠ から「ディゾルブ」>「フロー」を選択し、編集点にドラッグします。

「フロー」は短いトランジションで6フレームに設定されています。トランジションの長さはあとで調整できます。作業はこれだけです。あとは前後のカットを自動的に解析して中間映像を作り出します。

「フロー」設定前と設定後を比べて確認してみましょう。次の図は「フロー」のない編集点の前後です。2フレーム目と3フレーム目で表情が変わっているのがわかります。

下図は「フロー」を実行した編集点です。「フロー」なしに比べて表情が徐々に変化しています。

このように、うまくつながると、カットの違和感を感じることがなく編集することができます。コツはカメラを動かさないで撮影すること、顔の向きや表情が似ているカット同士を編集点にすることです。フレームのサイズや体の向きが大きく変わっていると、映像が乱れておかしな結果になります。

「フロー」は映像を解析し、一部を歪めて中間フレームを新たに生成するトランジションです。「ディゾルブ」[*1]とは異なり、形状が変化するモーフィングのような効果が得られます。時間をかけて間欠撮影をするタイムラプス[*2]映像など、撮影段階で「フロー」を使うことを前提にした映像を制作してみるのもおもしろいでしょう。

↑「フロー」の例。表情はうまく変化しているが、形状が大きく異なるトマトからバナナへの変化は難しい。

[*1] モーフィング：CGエフェクトの一種。男性の顔を女性に変えるなど、映像の被写体の形状を解析して変化させる。
[*2] タイムラプス：1分ごとに1フレームずつ撮影するなど、時間を置いて撮影することで、時間を短縮して見せる撮影技法のこと。

Chapter 3

魅惑の
タイトルテクニック

Final Cut Pro Xは初心者から上級者まで、誰でも使いこなせる編集アプリケーションです。Appleのソフトウェアらしく、進化する映像のトレンドを取り入れたツールが収録されています。Chapter 3では、映像タイトルやキャプションなど文字を加工するさまざまな表現テクニックを取り上げます。また、本章の最後では、Appleのプレゼンテーション作成アプリKeynoteと連携して、吹き出し、テロップ、縦書きなど、Final Cut Pro Xだけでは難しい表現を作るテクニックを紹介します。

3-1 タイトルの作成テクニック

Final Cut Pro Xでの文字作成の基本はやはり「タイトル」でしょう。タイトルには文字通りタイトル素材として使うことができるプリセットが豊富に含まれています。macOSにインストールしてあるフォントをどれでも使えるのも魅力です。ここでは、タイトルを使ったテクニックを紹介します。

1 タイトルの種類

画面に文字を表示するときに種類別に分けておくと、画面のデザインにメリハリがつきます。決まった種類分けはありませんが、「タイトル」「テロップ」「コメントフォロー」「デザインタイトル」「字幕」などで分けておくとよいでしょう。

タイトル

画面内で文字が主役となるのが「タイトル」です。作品全体のメインタイトルのほかに、メインを補助するサブタイトル、パートごとに入るコーナータイトルなどがあります。タイトル用の背景素材のことを「タイトルバック」と呼びます。

タイトル　　　タイトルバック

テロップ

タイトルに対して、画面の被写体に対して説明として表示されるのが「テロップ」です。主に画面の下に配置されます。Final Cut Pro Xの「タイトル」に含まれている「下三分の一」(Lower Third)もテロップの一種です。この例では「下三分の一」>「ドキュメンタリー」>「左」を使って名前を表示しています。

「下三分の一」

コメントフォロー

出演者のコメントを画面に表示するのが「コメントフォロー」です。テレビの情報番組や展示会のブース映像、街頭ビジョン、スマホなど視聴環境に合わせて、無音でも意味が伝わるように文字を表示します。ネット視聴を前提にはじめから音声のないコンテンツも増えてきています。

コメントフォロー

デザインタイトル

画面のデザイン要素としてはじめから文字を組み込んで演出するものです。プロモーションビデオなど、歌詞を印象的に画面に表記するような作品では、クリエイターがセンスを発揮する場面といえます。

字幕

海外の映画やドラマではセリフを字幕で表示します。演技を見ながらでも読みやすく、短くまとめるのがよい字幕です。「コメントフォロー」に似ていますが、映像の妨げにならないように気をつけます。

2 タイトルの作成

Final Cut Pro Xで最も使うタイトルは「基本タイトル」です。そのほかのタイトルはすべて「基本タイトル」の応用版といってよいので、まず「基本タイトル」で使い方を覚えておくようにしましょう。ここでは白鳥選手のインタビュー映像をベースに、タイトル作成の基本手順を説明します。

クリップにタイトルを追加する

STEP1 タイムラインでタイトルを追加したいクリップの位置に再生ヘッドを移動します。

再生ヘッド

3-1 タイトルの作成テクニック

203

STEP2　サイドバーの「タイトルとジェネレータ」ボタンをクリックして「タイトルとジェネレータ」サイドバーを開き、「タイトル」>「バンパー／オープニング」>「基本タイトル」をダブルクリックします。あるいは「編集」メニューから「タイトルを接続」>「基本タイトル」を選択します。

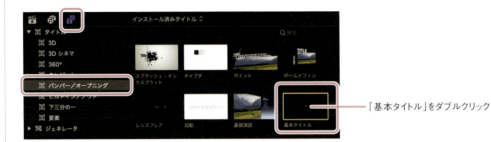

「基本タイトル」をダブルクリック

クリップに「基本タイトル」が追加されました。タイトルのクリップは紫色で表され、一般の動画クリップと同様に基本ストーリーラインに接続されます。

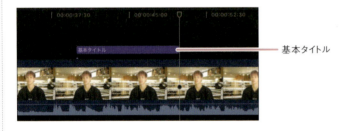

基本タイトル

タイトルに文字を入力する

タイトルに文字を入力しましょう。

STEP1　再生ヘッドを「基本タイトル」の上に移動して、タイトルを選択します。ビューアの中央に表示されている文字「タイトル」をダブルクリックし、キーボードで文字を入力します。ここでは「白鳥大珠」と入力しました。

入力した文字はあとから変更できます。

タイトルをダブルクリック　　　　文字を入力

3 タイトルのフォント、サイズ、位置、スタイルを調整する

タイトルの書式設定はインスペクタで行います。

STEP1 タイムライン上のタイトルを選択して「インスペクタ」を表示し、「テキスト」タブを選択します。「テキスト」フィールドで入力した文字を選択し、フォント（字体）の種類やサイズを設定します。

「テキスト」フィールドでは文字の追加や修正を行うこともできます。

STEP2 タイトルの位置は、ビューア内でドラッグして変更できます。数値で指定したい場合は、「テキスト」タブの「位置」＞「X」（横方向）、「Y」（縦方向）に入力します。

STEP3 「フェース」で文字の色、「アウトライン」で文字のエッジの色と幅、「ドロップシャドウ」で文字の影を調整します。

文字の色、アウトライン、シャドウを設定　　　　　　　　　　文字のスタイルを設定するオプション

文字の間隔とカーニング

文字の間隔は「文字間隔」と「カーニング」で調整します。「文字間隔」は選択した文字の間隔を一律に詰めるか、広げます。「カーニング」は2文字間の間隔を個別に設定します。

STEP1 テキストフィールドで文字を選択し、「文字間隔」のスライダーを動かすと、選択した文字の間隔が一律に詰まります／ひろがります。

選択した文字の間隔が変わる　　文字を選択（図では「白鳥大珠」全体を選択）　「文字間隔」を調整

なお、文字全体のサイズや間隔を一律に変更する場合は、文字全体を選択しなくても、挿入ポイントを置くだけでかまいません。

STEP2　テキストフィールドで文字の間をクリックして挿入ポイントを置き、「カーニング」のスライダーを動かすと、挿入ポイント左右の文字の間隔だけを調整できます。

2文字間の間隔が変わる　　「白鳥」と「大珠」の間をクリックして挿入ポイントを表示　　「カーニング」を調整

通常はまず「文字間隔」で文字全体の間隔を調整し、「カーニング」で個々の文字間を微調整します。

文字の高さを変える

文字の高さを伸縮するには「調整」で「Y」(縦方向)の値を変えます。テロップなどでは105%ほどに縦に伸ばしておくと、画面内で文字の視認性が高くなります。

文字が縦長になる　　　　　　　　　　　　　　　　　　「調整」>「Y」の値を上げる

文字をゆがませて斜体を表現する

斜体文字を表現するには、クリップの変形と同じ「歪み」で設定します。

STEP1　タイムラインでタイトルを選択し、ビューア左下のプルダウンメニューから「歪み」を選択します。

STEP2 「歪み」のハンドルが表示されるので、中央上部のハンドルを水平方向にずらすと、文字全体が斜体になります。

中央上部のハンドルをドラッグ

斜体になる

選択した文字のスタイルを変える

選択した文字のスタイルを変えることができます。

STEP1 テキストフィールドで文字を選択し、「テキスト」タブでパラメータを調整します。

下図では「鳥」の文字を選択し、「サイズ」で文字の大きさを「ベースライン」で位置を、「フェース」(インスペクタを下にスクロールして表示)で色を変えています。

「鳥」1文字を選択

選択した文字のスタイルが変わる

インスペクタでスタイルを変更

セーフゾーンと水平線

タイトルの配置の目安として「セーフゾーン」*と水平線を表示することができます。画面の90％と80％の枠で表示されます。

*セーフゾーン：街頭モニターなど一部のディスプレイでは画面をフルサイズで表示できないため、文字が判読できる領域を明示するガイド。

STEP1 ビューアの「表示」プルダウンメニューから「タイトル／アクションのセーフゾーンを表示」と「水平線を表示」を選択します。

ビューアにセーフゾーンと水平線が黄色いラインで表示されます。セーフゾーンは画面の90％と80％のエリアが表示されます。水平線は画面に十字のターゲットが表示されます。文字やロゴなどクリップを配置する際の目安として用います。

タイトルに下敷きを敷く

タイトルに安定感を出すために、白い下敷きを敷いてみましょう。

STEP1 「タイトルとジェネレータ」サイドバーから「ジェネレータ」＞「単色」＞「カスタム」を選択します。

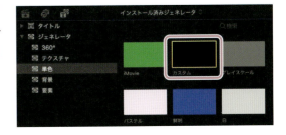

STEP2　基本ストーリーラインのクリップと基本タイトルのクリップの間に「カスタム」を配置します。

「カスタム」をドラッグして配置

STEP3　「カスタム」を選択し、「ジェネレータ」インスペクタで色を白色に変更します。

「ジェネレータ」インスペクタ

色を選択して調整

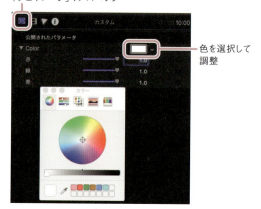

STEP4　「ビデオ」インスペクタの「合成」で不透明度、「クロップ」で上下の幅を調整します。

図のように「カスタム」で作成した下敷きがタイトルの下に配置されました。

「ビデオ」インスペクタ

「カスタム」　「クロップ」の「上」「下」　「不透明度」

タイトルのスタイルを保存する

フォントやサイズなどの「フォーマット属性」、フェースやアウトラインなどの「アピアランス属性」は保存することができます。

STEP1 タイムライン上のタイトルを選択し、アピアランスから「Normal」と表示されている部分をクリックします。

クリック

STEP2 選択肢が表示されます。ここでは「フォーマット属性とアピアランス属性をすべて保存」を選びました。

STEP3 入力ウインドウが表示されます。スタイルの名前を入力して保存します。ここでは「インタビュータイトル」にしました。

スタイルが保存されました。次回から「インタビュータイトル」を選択するとタイトルに反映されます。

保存したスタイルを削除する

保存したスタイルを削除するメニューコマンドやボタンはありません。Finderでユーザーの「ライブラリ」フォルダ内の「Application Support」→「Motion」→「Library」→「テキストのスタイル」にアクセスし、保存されている該当の項目を直接、ゴミ箱に移動して削除します。

> **Memo** ユーザーの「ライブラリ」フォルダ
>
> ユーザーの「ライブラリ」フォルダは、ユーザーのホームフォルダ（Finderの「移動」メニュー→「ホーム」で表示）内に置かれています。システムのハードディスクのトップ階層に表示される「ライブラリ」フォルダとは異なるので注意してください。
> また、ユーザーの「ライブラリ」フォルダはFinderの初期設定では表示されません。「ライブラリ」フォルダを開くには、「option」キーを押しながらFinderの「移動」メニュー→「ライブラリ」を選択します。

Column
タイトルの「下三分の一」とは？

Final Cut Pro Xのタイトルには「下三分の一」というカテゴリーがあります❶。
「下三分の一」とは何だろう？　と疑問に思いますよね。これは英語では「Lower Third」と呼ばれる、文字表示の1つのジャンルになっているものです。
元々はトークショーやニュース番組で名前や説明文を表示する際に使われたもので、画面を上下に3分割した場合、下の枠に収まるようにデザインされました。このため「Lower Third」=「下三分の一」と呼ばれています。現在では、グラフィカルな素材を文字の下や周囲に配置し、動きを加えることでスタイリッシュに見せる手法のことを全般的に「Lower Third」と呼んでいます。
Final Cut Pro Xにはユニークな「Lower Third」タイトルが数多く収められています。また、さまざまなFinal Cut Pro X用の「Lower Third」素材がネット上で販売されています❷。
たとえば、FxFactoryのプラグインの1つ「Premium Simple Titles」❸には20のタイトルが収められています。❹のような、デザインされたタイトルを簡単に作成することができます。

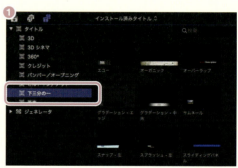

↑Pixel Film Studio の「Lower Third」素材
https://store.pixelfilmstudios.com

←文字がスタイリッシュに動く

3-2 文字を引き立たせるテクニック

タイトルを使った映像表現のテクニックを紹介していきましょう。テキストを動かしたり、光らせたり、切り抜いたり、エフェクトやトランジションと組み合わせることで、多彩な表現を行うことができます。

↑タイトルが左右からスライドイン

↑タイトルが1文字ずつスライドイン

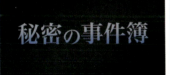
↑タイトルの文字を光で照らすような効果

↑文字の形に切り抜く

↑文字にテクスチャを適用

Chapter 3 魅惑のタイトルテクニック

1 画面外からスライドインするタイトル

タイトルのクリップも通常の動画クリップと同様にエフェクトやトランジションを設定することができます。クリップを動かすには一般的にキーフレームを使いますが、タイトルの場合はトランジションを使うとより簡単に動かすことができます。

「スライド」トランジション

ここでは「スライド」トランジションを用いてタイトルを動かしてみましょう。
例として、観光地をタイトルバックに「基本タイトル」でタイトルを作成しました。
文字には色やアウトライン、ドロップシャドウなどが設定されています。タイトルの文字をまとめて画面の外から「スライドイン」させてみましょう。

タイトルバック　タイトル

STEP1 タイムラインの「トランジション」ブラウザ ⊠ を開き、「ムーブ」>「スライド」をクリップの左端に適用します。

「スライド」トランジションをタイトル左端にドラッグ

STEP2 「スライド」のトランジションを選択し、インスペクタの「タイプ」を「スライドイン」、「方向」を「右」に設定します。

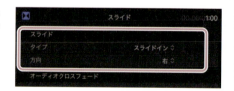

再生すると画面の外からタイトルがスライドインし、中央で止まります。

↑タイトルが右からスライドイン

左右からスライドインするタイトル

2行になっているタイトルを上下を分けて、左右から「スライドイン」させてみましょう。

STEP1 前述のタイトルクリップを「option」キーを押しながら上にドラッグし、コピーを作成して重ねます。

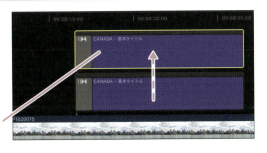

「option」キーを押しながらドラッグしてコピーを作成

STEP2 上の段のクリップから、2行目の文字を表示しないように設定します。上の段のクリップを選択し、「テキスト」■インスペクタのテキストフィールドから2行目の「バンクーバーの旅」を選択します。

非表示にする文字を選択

STEP3 「テキスト」インスペクタの下の欄に移動し「フェース」「アウトライン」「ドロップシャドウ」などチェックが入っている項目のチェックを外します。

これで「バンクーバーの旅」の文字が非表示になります。

「フェース」以下のチェックを外して非表示にする

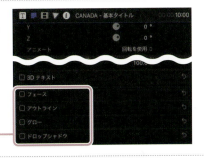

STEP4 次に下段のクリップを選択して、今度は「CANADA」の文字を選択し、「テキスト」■インスペクタの「フェース」以降のチェックを外します。

文字を選択し「テキスト」インスペクタの「フェース」以下のチェックを外して非表示にする

このとき「delete」キーで文字を消去してしまうと、レイアウトがずれてしまうので注意しましょう。この手法を使うことで、レイアウトを崩さずに文字を動かすことができます。

STEP5 上段のクリップのディゾルブ「スライド」のスライドインのパラメータを「左」に、下段のスライドインを「右」に設定します。

再生すると左右からタイトルが移動し、中央で止まります。

3-2 文字を引き立たせるテクニック

215

↑タイトルが左右からスライドイン

■ 1文字ずつスライドインする

前述の文字を非表示にするテクニックを使って、1文字ずつスライドインするタイトルも設定できます。

STEP1　図のように1文字のみ表示したクリップを文字の数だけ作成し、スライドインのタイミングをずらして配置します。

CANADAの文字分のクリップを作成

再生すると、個々の文字がスライドインし、最後に揃う動きになります。

↑文字が順番にスライドイン

2 タイトルを光で照らす

ディゾルブを使ってタイトルやロゴに光を照らしたような動きを作ってみましょう。この例ではタイトルバックに「タイトルとジェネレータ」サイドバーの「ジェネレータ」>「テクスチャ」>「インダストリアル」を適用し、「基本タイトル」(「編集」メニューの「タイトルを接続」>「基本タイトル」)で作成したタイトルを乗せています。

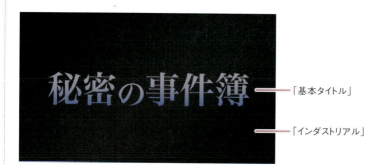

「基本タイトル」

「インダストリアル」

STEP1 タイムラインでは、基本ストーリーラインのクリップ「インダストリアル」にタイトルを接続しています。ブレードツール で「基本タイトル」のクリップを3つに分割します。

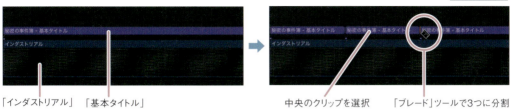

「インダストリアル」　「基本タイトル」　　　　　　中央のクリップを選択　「ブレード」ツールで3つに分割

STEP2 分割したクリップから中央のクリップを選択します。「カラーボード」で「露出」の「ハイライト」を100%にし、文字の輝度を上げます。

文字の輝度が上がる　　　　　　　　　　　　　　　「ハイライト」を100%にする

STEP3 次にタイトルが光に照らされる動きを設定します。先頭の「基本タイトル」のクリップと2番目のクリップの間にトランジションの「ワイプ」>「ワイプ」を適用します。

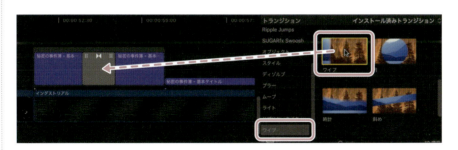

STEP4 「ワイプ」を選択し、ビューアでワイプの向きを調整します。矢印でワイプの角度を、矢印の先の◇の長さでボケ具合を調整します。

ワイプの向きを調整

3-2 文字を引き立たせるテクニック

217

STEP5 さらに、光ったタイトルを元に戻す動きを加えます。3分割した「基本タイトル」のクリップから右端のクリップをドラッグし、2つのクリップの上に重ねます。

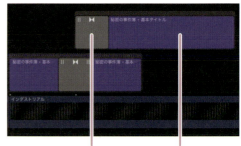

「ワイプ」のトランジションをコピー　　右端のクリップを重ねる

STEP6 「ワイプ」のトランジションをコピーしてクリップの左端に設定します。

再生すると、図のようにタイトルの表面に光が照らされる表現になります。美しく見えるようにトランジションのタイミングや長さを調整しましょう。

⬆タイトルが光で照らされたように見える

Column
タイトルを光らせる
「ライト」系のエフェクト

エフェクトブラウザ内の「ライト」カテゴリーには光を加えるエフェクトが多く含まれています。エッジを輝かせる「グロー」、光の漏れを表現する「ストリーク」、照明効果を作る「スポット」など、タイトルを華やかに彩るエフェクトを使うことで、画面がリッチになります。この例では「Final Cut Pro X」のタイトルに「ストリーク」と「スポット」のエフェクトを加えています。

⬆エフェクトなし

エフェクトあり

3 タイトルを輪郭文字にする

アウトラインだけをオンにすれば、簡単に輪郭だけのタイトルを作成できます。例では「基本タイトル」を使って背景の上に文字を配置しています。

「基本タイトル」

STEP1 「テキスト」タブ▤で「フェース」のチェックを外し、「アウトライン」にチェックを入れます。色や幅を調整して、好みのデザインに仕上げます。

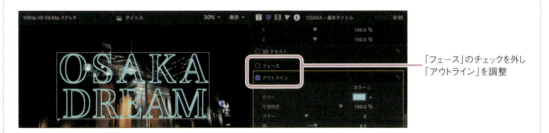

「フェース」のチェックを外し「アウトライン」を調整

4 文字の形に背景を切り抜く

「イメージマスク」を使うと文字の形に背景のクリップを切り抜くことができます。この例では、海の映像をタイトルバックにして、「タイトルとジェネレータ」サイドバーの「ジェネレータ」>「テクスチャ」>「ペーパー」を重ね、さらに「基本タイトル」(「編集」メニューの「タイトルを接続」>「基本タイトル」)を重ねました。「基本タイトル」の文字色はどの色でもかまいません。「ペーパー」はクロップでサイズを文字に合わせています。

タイトルバック

「基本タイトル」
「ペーパー」

STEP1 タイムラインで見ると以下のように3層の構造になっています。中段の「ペーパー」に、「エフェクト」ブラウザ ▣ から「マスク」>「イメージマスク」を適用します。

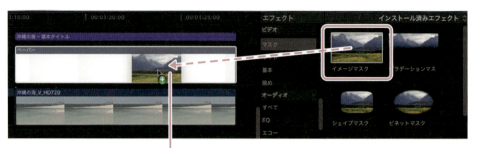

エフェクト「イメージマスク」をドラッグ

STEP2 「ペーパー」を選択し、「テキスト」タブ▤を開きます。「イメージマスク」の ▼ ボタンをクリックします。

クリック

STEP3 ビューアがイメージの選択モードになります。タイムラインのタイトルを選択し、「クリップを適用」をクリックします。

マスクの画像を選択　　　　　「クリップを適用」をクリック

STEP4 タイトルがマスク画像として読み込まれました。「イメージマスク」の「Invert Mask」にチェックを入れます。

「Invert Mask」にチェックを入れる

STEP5 タイムラインの最上段にある「基本タイトル」のクリップを選択し、「V」キーを押して無効にします。または、「クリップ」メニューの「無効にする」を選択します。

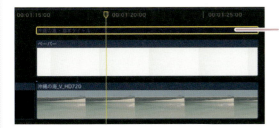

「基本タイトル」を「V」キーで無効にする

文字の形に「ペーパー」が切り抜かれて表示されます。修正する場合はタイトルを有効にして、再度「イメージマスク」でタイトルを画像として読み込みます。

文字の形に「ペーパー」が切り抜かれる

Chapter 3 魅惑のタイトルテクニック

5 | 文字にテクスチャ(質感を表現した模様、生地)を設定する

画像を使って文字にテクスチャを設定します。作例用に図のような映画のタイトル風の画面を作成しました。タイトルバックは「タイトルとジェネレータ」サイドバーの「ジェネレータ」>「背景」>「フィルムストリップ」>「フィルムロール」を配置しています。

文字は「基本タイトル」で「ヒラギノ角ゴシック」から最も太い「W9」を用いています。

ここでは、写真を用いたテクスチャを文字に適用して、ダメージを受けた印象のタイトルを作ってみます。

「基本タイトル」　「フィルムロール」

STEP1 テクスチャ素材用の写真を読み込み、タイムラインでタイトルの上に配置します。ここではテクスチャ素材として鳥の香草焼きの写真を用いています。

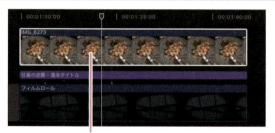

写真をタイトルの上に配置

STEP2 写真を選択し、「ビデオ」タブを開きます。「合成」>「ブレンドモード」のプルダウンメニューから「背後」を選択します。

写真を選択

222

STEP3 続いてタイトルのクリップを選択し、同様に「ビデオ」タブの「合成」>「ブレンドモード」のプルダウンメニューから「シルエットルミナンス」を選択します。

「基本タイトル」を選択

STEP4 図のように文字の形に写真が切り抜かれました。写真を選択し、「カラーボード」で露出や色の濃さを調整します。

タイトルの表面が写真になる　　　　　　「カラーボード」で調整

この例では写真を用いていますが、動画を使うと文字が変化する効果を作れます。炎や煙など、さまざまな素材を試してユニークなタイトルを作成しましょう。

3-2 文字を引き立たせるテクニック

6 | 絵文字を使う

「文字ビューア」を用いるとmacOSに収録されている絵文字やイラスト、記号などを表示できます。

STEP1 タイムラインのクリップに「基本タイトル」を接続します。

「基本タイトル」を接続

STEP2 「編集」メニューから「絵文字と記号」を選択します。「文字ビューア」が表示されます。

STEP3 「文字ビューア」で、使いたい絵文字やイラスト、記号を選び、Final Cut Pro X のテキストフィールドにドラッグします。

「文字ビューア」

テキストフィールドにドラッグ

カテゴリー

STEP4 通常のテキストと同様にサイズで拡大し、位置を設定して使用します。

リサイズと位置を調整

7 3Dテキスト

タイトルの「3Dテキスト」のチェックを入れると文字を3Dで表現できます。ここでは作例用に、図のようにオーロラの風景をタイトルバックに「基本タイトル」で文字を作成しています。

「基本タイトル」
背景素材

STEP1　タイムラインで「基本タイトル」を選択し、「テキスト」タブ ▤ を開いて「3Dテキスト」にチェックを入れます（下図❶）。

文字が立体的な3D表示になります。

STEP2　「深度」で奥行き、「ウェイト」で文字の幅を調整します❷。そのほか、パラメータを調整して文字のスタイルを設定します。

「深度」「ウェイト」で文字の奥行きと太さを調整

STEP3　「素材」のカテゴリーで表面の質感を設定します。「全てのファセット」をクリックし、プルダウンメニューから素材を選択します。ここでは「メタル」から「Aluminum Foil」（アルミホイル）を選択しています。

「素材」>「全てのファセット」

STEP4　ビューアで文字をクリックすると「3Dコントロール」が表示されます。青、緑、赤色の各コントロールをドラッグして文字の傾きや方向を調整します。

「3Dコントロール」

このような仕上がりになりました。「3Dテキスト」では質感や光源の設定によって、文字に重量感が出ます。ここぞという場面で使うと画面が映えます。

Column
Font Bookで
フォントを管理する

Final Cut Pro XはMacに収録されているほとんどのフォントを使うことができます。しかし、フォントの数が多くなるとフォントリストが長すぎて煩わしくなってきます。そのようなときの回避策として、「Font Book」を使って当面使わないフォントを使用停止にしておく方法があります。Font BookはmacOSの「アプリケーション」フォルダ内にプリインストールされています。

STEP 1　Font Bookを起動し、「すべてのフォント」から任意のフォントを選択し、「使用停止」ボタンを押します。

「使用停止」ボタン

STEP 2　「選択したフォントを使用停止してもよろしいですか?」と表示されます。「使用停止」をクリックします。

使用を停止したフォントに「オフ」と表示されます。
なお、「オフ」にしたフォントはFinal Cut Pro Xだけでなく、インストールされているアプリケーション全般で使えなくなります。また、システムフォントなど一部のフォントは使用停止にできません。

3-2 文字を引き立たせるテクニック

227

3-3 Keynoteで表現の幅を広げる

Macを購入するとバンドルされているアプリケーション「Keynote」はビジネス用のプレゼンテーションツールとして知られていますが、じつはFinal Cut Pro Xのタイトル表現の幅を広げる有力なサポートアプリでもあります。ここではKeynoteを使った「吹き出し」の作成などについて紹介します。

Keynoteで吹き出しを作成して
Final Cut Pro Xでタイトルと合成

Keynoteの塗りつぶし機能を利用して
文字の「下敷き」を作る

Keynoteで縦書きを作成して
Final Cut Pro Xで合成

1 Keynoteで吹き出しを作る

3-3

Final Cut Pro Xから静止画像を書き出して、Keynoteで吹き出しを加えます。Keynoteには背景を透過して保存する機能があるので、Final Cut Pro Xで吹き出し画像だけを表示できます。

Final Cut Pro Xから静止画像を書き出す

まず、Keynoteで吹き出しを作るためのガイド用の画像をFinal Cut Pro Xから書き出します。

ここでは作例用としてFinal Cut Pro Xでグリーンバックを使って人物を雄大な自然の風景に合成しました。この映像に吹き出しと文字を加えていきます。

グリーンバックの人物　　氷河の風景

STEP1　Final Cut Pro Xの「共有」ボタンをクリックし、プルダウンメニューから「出力先を追加」で「現在のフレームを保存」を追加しておきます（下図）。

STEP2　タイムラインで再生ヘッドを書き出すフレームに合わせ、「共有」ボタンから「現在のフレームを保存」を選択します。ダイアログの「設定」タブを表示し、書き出すフォーマットを選択します。この画像はガイドとして使うだけなのでデータ容量の少ない「JPEGイメージ」を選択します。「次へ」をクリックし、保存先を指定してイメージを書き出します。

「共有」ボタン

229

Keynoteで吹き出しを作成する

Final Cut Pro Xから書き出した静止画像をKeynoteで読み込み、吹き出しを作成します。

STEP1　Keynoteを起動します。「ファイル」メニューの「新規」で新規書類を作成します。

STEP2　「テーマを選択」画面の「ワイド」タブから「ホワイト」または「ブラック」を選択し、「選択」ボタンをクリックします。

「ホワイト」または「ブラック」を選択

STEP3　新規のスライドが開きます。スライドの上にある「メディア」ボタン をクリックし、プルダウンメニューから「選択」を選択します。またはメニューの「挿入」>「選択」を選択します。

「メディア」ボタン

STEP4　Final Cut Pro Xから書き出した静止画像のファイルを選択します。

STEP5　Keynoteに静止画像が挿入されます。「図形」ボタン■をクリックし、プルダウンメニューから「吹き出し」をクリックします。

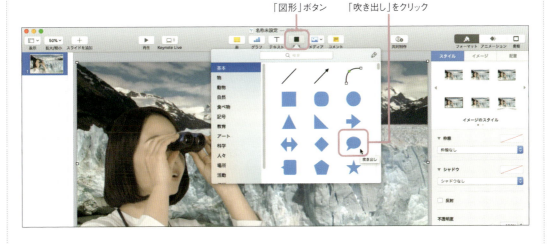

STEP6　静止画像の上に「吹き出し」が挿入されます。吹き出しの向きやサイズなどを調整します。また、「フォーマット」から「スタイル」タブを表示し、「カラー塗りつぶし」「枠線」「シャドウ」などを設定します。

STEP7　もっと複雑な形にしたい場合は、吹き出しを右クリックし、「編集可能にする」をクリックします（次ページ図）。

STEP8　形状の起点となるポイントをドラッグし、吹き出しの形を変えます。ポイントは吹き出しの線を右クリックすると追加できます。

STEP9 吹き出しの形ができたら、静止画像を選択し「delete」キーで削除します。

STEP10 スライドで吹き出し以外の箇所をクリックして「スライドレイアウト」モードにします。「背景」のプルダウンメニューから「塗りつぶしなし」を選択します。

吹き出し以外の箇所をクリックして「スライドレイアウト」モードにする　　「塗りつぶしなし」を選択

STEP11 「ファイル」メニューから「書き出す」>「イメージ」を選択して「プレゼンテーションを書き出す」ダイアログを表示します。「フォーマット」のプルダウンメニューから「PNG」を選択し、「透明な背景で書き出す」にチェックを入れます。「次へ」をクリックして保存先を指定し、イメージを書き出します（書き出したらKeynoteは書類を保存して閉じておきます）。

Final Cut Pro Xで吹き出しを読み込む

Keynoteから書き出された画像は背景が透明になっているため、Final Cut Pro Xのタイムラインでそのまま使うことができます。

STEP1 Keynoteから書き出した吹き出しをFinal Cut Pro Xで読み込み、タイムラインに接続します。

「Keynote」から書き出した「吹き出し」

STEP2 吹き出しの上に「基本タイトル」を重ね、文字を作成します。

「基本タイトル」の文字

2 | Keynoteでテロップを作る

Final Cut Pro Xには優れたタイトル作成機能が備わっていますが、万能というわけではありません。「タイトル」ツールが不得意とすることを「Keynote」で補うことができます。

背景ベタ塗りの字幕を作成する

字幕やコメントのフォローテロップを作成するときにはKeynoteの「カラー塗りつぶし」を使うと便利です。

Chapter 3 魅惑のタイトルテクニック

STEP1 Final Cut Pro Xからガイド画像を書き出してKeynoteのスライドに読み込んでおきます。

STEP2 Keynoteの「テキスト」ツール [T] でテキストボックスを追加し（下図❶）、テキストボックスに文字を入力して、画面下に配置します（下図❷）。

STEP3 「フォーマット」の「テキスト」タブでテキストの文字色を白に設定します❸。「スタイル」タブの「塗りつぶし」から「カラー塗りつぶし」を選択し、色を設定します❹❺。

「カラー塗りつぶし」を設定したテキスト　　　　　　「カラー塗りつぶし」

STEP4 入力した文字の量や段落に合わせて、塗りつぶしの幅と高さが自動的に変化します。

Final Cut Pro Xにはこの「下敷き」を自動的に作成する機能がないのでKeynoteが役にたちます。

Memo: Keynoteで文字を作成する際の注意点

Keynoteで文字を作成する場合は、Final Cut Pro Xの「環境設定」>「読み込み」で「ファイルをそのままにする」をオンにしておきましょう。文字を修正する場合、Keynoteから書き出したファイルを同じファイル名で上書き保存すれば、Final Cut Pro Xの文字表示も自動的に差し替わります。これはPhotoshopなどで文字を作成する場合も同様です。

3 縦書きの文字を作成する

日本語の「縦書き」はFinal Cut Pro Xが苦手とする分野です。Keynoteは縦書きに対応しているので、句読点などの位置を正しく配置した縦書きを作成できます。

STEP1 Keynoteで横書きのテキストボックスを右クリックし、「縦書きテキストをオン」を選択します。

テキストを右クリックして「縦書きテキストをオン」を選択

STEP2 横書きのテキストが縦書きになります。「フォーマット」＞「テキスト」＞「詳細オプション」のプルダウンメニューで文字間隔やアウトラインの設定を行えます。

3-4 Motionで機能を拡張する

モーショングラフィックを作成するアプリケーション「Motion」には、Final Cut Pro Xの機能を拡張する機能があります。「タイトル」に関連する3つの拡張機能を紹介しましょう。

Motionで作成した縦書きタイトルテンプレートをFinal Cut Pro Xで利用

Motionのパラメータを利用してタイトル文字をズーム、回転

「調整レイヤー」で複数のカットに同じエフェクトを適用できる

1 縦書きのタイトルを作成する

Final Cut Pro Xの「基本タイトル」には縦書きの機能がありません。P.235ではKeynoteを使って縦書きを作成しましたが、Motionでは縦書きのタイトルテンプレートをFinal Cut Pro Xに追加できます。

「基本タイトル」をMotionで開く

STEP1 「タイトル」の「バンパー／オープニング」から「基本タイトル」を右クリックし「コピーをMotionで開く」をクリックします。

「基本タイトル」を右クリック

STEP2 「基本タイトル」のコピーが作成され、Motionが起動し操作画面になります。画面中央の「Title」を選択します。

↑Motionの画面

STEP3　「インスペクタ」>「テキスト」>「レイアウト」のタブを開き、「レイアウトコントロール」の「方向」を「水平」から「垂直」に変更します。

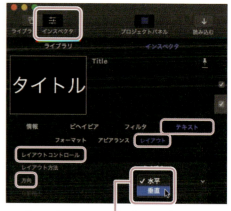

「レイアウトコントロール」>「方向」を「垂直」に変更

STEP4　「フォーマット」タブを開き、「基本フォーマット」の「フォント」を「ヒラギノ角ゴシック」「W3」に変更します。

STEP5　「ファイル」メニューから「別名で保存」を選択し、保存する「テンプレート名」を入力します。ここでは「縦書きタイトル」とし、「カテゴリ」は「バンパー／オープニング」にしました。「公開」を選択します。

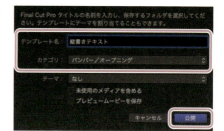

これでMotionでの作業は完了です。アプリケーションを終了します。

「縦書きタイトル」をFinal Cut Pro Xで使う

Final Cut Pro Xでは「バンパー／オープニング」内に「縦書きタイトル」が作成されています。

この「縦書きタイトル」は「基本タイトル」と同様にクリップに接続し、フォントやサイズ、色を変えて使うことができます。

↑Final Cut Pro Xで開いてフォント、サイズ、色などを調整できる

2 「タイトル」の「変形」にキーフレームを追加する

Final Cut Pro Xでは、「タイトル」の「テキスト」タブには「位置」や「回転」の設定項目（＝パラメータ）がありますが、キーフレームは設定できません。しかし、Motionの「公開」を使ってキーフレームを追加することでタイトルに回転などの動きを加えられます。

タイトルのパラメータを公開する

STEP1 縦書きのタイトル作成と同様に「基本タイトル」を右クリックし「コピーをMotionで開く」を選択します。

STEP2 Motionで「Title」を選択し、「インスペクタ」＞「情報」タブ❶を開きます。

STEP3 「変形」の「位置」から右端にある❷をクリックし、プルダウンメニューから「公開」を選択します。その下の「回転」と「調整」も同様に「公開」を選択します。

クリックして表示されるメニューから「公開」を選択

STEP4　「ファイル」メニューの「別名で保存」を選択し、テンプレート名とカテゴリを設定し「公開」をクリックします。ここでは「基本タイトル　変形オプション」というテンプレート名にしました。

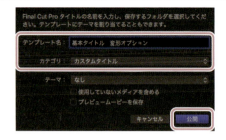

Final Cut Pro Xで「基本タイトル　変形オプション」を開いてみましょう。公開したパラメータは「タイトル」インスペクタに表示されます。キーフレームが設定できるようになったので、文字のズーム、回転といった動きを加えられます。

↑この例では、「エフェクト」ブラウザから「ライト」＞「ストリーク」を加えて文字を光らせている

> **Memo　パラメータの「公開」とは？**
>
> Final Cut Pro Xのエフェクト、トランジション、タイトルは、Motionの豊富な設定パラメータによって複雑な動きを作成できます。一方で、パラメータが多すぎるとFinal Cut Pro Xでは扱いにくくなってしまいます。そこで扱いづらいパラメータはFinal Cut Pro Xには「非公開」に設定されているのです。Motionでパラメータの一部を「公開」することで、Final Cut Pro Xでもパラメータを調整できるようになります。

3 「調整レイヤー」を作成する

Motionを使って複数のクリップにエフェクトを設定できる「調整レイヤー」を作成しておくと便利です。「調整レイヤー」とはエフェクト専用のレイヤーを設定する機能で、Photoshopなどで使われています。Final Cut Pro Xには「調整レイヤー」はありませんが、同様の機能をMotionで作成できます。本書ではわかりやすいように、作成したエフェクト専用のタイトルを「調整レイヤー」と呼ぶことにします。

「Final Cut タイトル」のパラメータを公開する

Motionで「調整レイヤー」を作成します。作成方法はとても簡単です。

STEP1 Motionの起動画面で「Final Cut タイトル」を選択し、「開く」をクリックします。

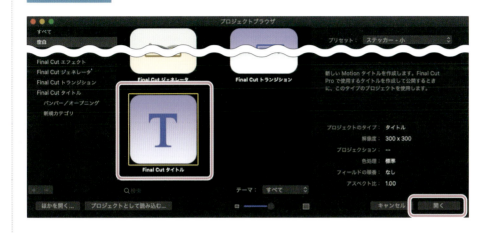

STEP2 「テキストをここに入力」を選択し、「delete」キーで消去します。

操作画面で行うことはこれだけです。「タイトルの背景」という透明な画像だけが残ります。

「delete」キーで消去

STEP3 「ファイル」メニューの「保存」を選択し、テンプレート名とカテゴリを設定し「公開」をクリックします。ここでは「調整レイヤー」というカテゴリを新規に作成し「調整レイヤー」という名称でテンプレートを保存しています。

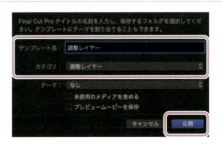

Final Cut Pro Xの「タイトル」内に「調整レイヤー」が作成されました。

Final Cut Pro Xで「調整レイヤー」を使う

「調整レイヤー」を使うとタイムラインで複数のクリップに同じエフェクトを加えられます。

STEP1　下図のようにタイムライン上に並んだクリップの上に作成した「調整レイヤー」を接続します。

STEP2　「エフェクト」ブラウザ を開き、任意のエフェクトを「調整レイヤー」にドラッグして適用します。ここでは「スタイライズ」から「古いフィルム」を選択しました。

「調整レイヤー」を接続　　　　　　　　　　　エフェクト「スタイライズ」＞「古いフィルム」を適用

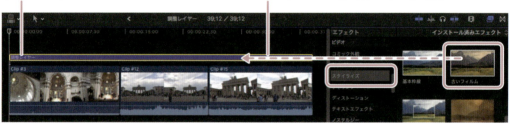

STEP3　「調整レイヤー」を選択して、インスペクタで「ビデオ」タブを開きます。

「古いフィルム」が追加されています。エフェクトは「調整レイヤー」の下にあるクリップに適用されます。

「調整レイヤー」を使うと、個々のクリップにエフェクトを設定する手間が省けます。また、エフェクトのオン／オフの切り替えも、まとめてできるので便利です。エフェクトは通常のクリップと同様に追加できます。

Column

「調整レイヤー」は
無料でダウンロード可能

Motionがない場合は「調整レイヤー」をダウンロードして使うことができます。「Ripple Training」の「RT Adjustment Layer」は無料でダウンロードできる「調整レイヤー」です。

↑「RT Adjustment Layer」
https://www.rippletraining.com/products/free-plugins/rt-adjustment-layer/

サイトにアクセスし「DOWNLOAD」ボタンを押せば、インストーラーがダウンロードされます。インストールをするとFinal Cut Pro Xの「タイトル」の「Custum」内に「RT Adjustment Layer」が作成されます。
これをタイムラインのクリップにドラッグすれば、Motionで作成した「調整レイヤー」と同様にエフェクトを追加して使うことができます。

本章では、ドラマ風に撮影した映像素材を使って解説をしています。
演じているのは三田悠希さんと石川慧さんです。

Chapter 4

色を操って映像をリッチに仕上げる

Final Cut Pro Xには、明るさや色を調整するさまざまな専用ツールが収録されています。このChapterでは色の補正からカラーグレーディングまで、流れに沿って説明します。「カラーホイール」や「カラーカーブ」を使いこなして、映像を豊かな色調に仕上げましょう。

カラーチャートを撮影しておくと調整が楽になります。

Chapter 4 色を操って映像をリッチに仕上げる

4-1 色調整の基礎知識と基本操作

映像の編集では、色の調整は欠かせません。空の青さ、木々の緑、人の肌の質感を色で表現することで、観客は作品の世界に入っていけるのです。ここではFinal Cut Pro Xでの色の調整について解説します。

補正前

補正後（ホワイトバランスで黄色がかった色を補正）

補正前

補正後（Log撮影の素材にLUTを適用）

オリジナル

LUTを適用し、ナチュラルなトーンに補正

カラーホイールで全体の明るさと色を調整

ヒュー／サチュレーションカーブで肌の色味を調整

246

1 カラーコレクションとカラーグレーディング

カメラで撮影をする際に、太陽や照明の「白」を基準として色のバランスを設定することを「ホワイトバランス」といいます。ホワイトバランスがうまく設定されていない映像を正しく直すのが「カラーコレクション」(色補正)の基本です。

カラーコレクションをベースに映像の質感を整え、表現として色を加減していく作業を「カラーグレーディング」(色調整)といいます。

Final Cut Pro Xでは、次のようにステップを踏んで色の調整作業を進めていきます。それぞれの段階で用いるツールやテクニックが異なります。

↑色調整作業のステップ

カラーコレクション

クリップの色を補正します。Final Cut Pro Xではブラウザ内でクリップに「カラーバランス」を適用できます。また、カラーグレーディングを前提にRAWやLogモードで撮影された素材には、専用の「LUT(Look Up Table)」を割り当てておきます。

カラーグレーディング─プライマリ

タイムラインで個々のクリップの色調を調整するのがカラーグレーディングです。プライマリでは画面全体のトーンを調整します。「カラーボード」「カラーホイール」「カラーカーブ」などのツールを用います。

カラーグレーディング─セカンダリ

画面内の一部の色を選択して色あいを変えたり、特定の範囲の明るさを変えたりするのがセカンダリの役割になります。プライマリでは調整しきれない部分を補います。特定の色域を調整するには「ヒュー／サチュレーションカーブ」を用いると効率よく調整できます。

フィニッシュ

「フィニッシュワーク」としてシーン全体に色調整やエフェクトを施します。演出として、フィルムノイズを加えたり、モノクロームやセピア調など画面のトーンを極端に変えることもあります。TVプログラムの場合は「ブロードキャストセーフ」で輝度を100%に抑える必要があります。「調整レイヤー」を使うとクリップに横断的にエフェクトを設定できます。

以上の工程は、あくまで1つの見本です。自分のスタイルに合わせてコンテンツの内容や制作スタイルに応じた色調整の工程を組んでみてください。

Memo｜Log撮影とは？

カメラの性能が向上し、広いダイナミックレンジで収録できるようになりました。これまでは明るくて白飛びしたり、暗く潰れていた部分も収録できる技術がLog撮影です。しかし、Log撮影は暗い部分から明るい部分まで1つの画面に収めているため、そのまま再生すると明暗の差が乏しい画面になります。そこで「LUT」（Look Up Table）と呼ばれる色補正データを割り当てることで通常の映像に戻すわけです。ただし、LUTは第1段階にすぎません。そのあとでシーンに適した色の調整を行う必要があります。

2 | カラーコレクション

Final Cut Pro Xではタイムラインで編集する前に、読み込んだクリップに対して「バランスカラー」を設定できます。「バランスカラー」は自動設定のほかに、画面内の白色を使って色のバランスを取る方法もあります。また、RAWやLog素材についてはLUTをクリップに割り当てることができます。

「バランスカラー」を設定する

ブラウザ内のクリップに「バランスカラー」を設定します。

STEP1　ブラウザ内で「バランスカラー」を設定するクリップを選択します。

補正するクリップを選択

STEP2　「ビューア」下端の プルダウンメニューから「バランスカラー」を選択します。

クリップに「バランスカラー」が適用されます。クリップが解析され、自動的に色が補正されます。

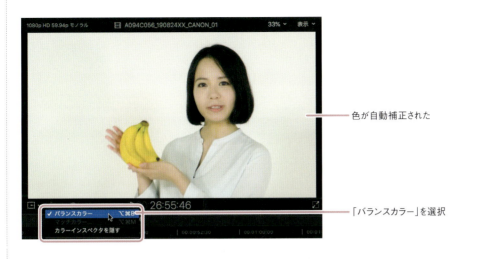

色が自動補正された

「バランスカラー」を選択

「ホワイトバランス」を適用する

「バランスカラー」を適用したクリップ内の白色の部分で色を補正します。

STEP1 「バランスカラー」を適用したクリップを選択し、インスペクタを開きます。「バランスカラー」の「方法」を「自動」から「ホワイトバランス」を選択します。

「ホワイトバランス」を選択

STEP2 マウスのカーソルがスポイトツールに変わるので、ビューア内の白色の部分をクリックします。

白色の部分をクリック

クリップに「ホワイトバランス」が適用されました。このように、画面内の白色の部分を設定することでクリップ全体の色バランスを調整することができます。

白に合わせて色が補正された

クリップにLUT（Look Up Table）を割り当てる

LUTは、RAWやLogモードで撮影された素材に対して、色を復元するための設定情報が記されたテンプレートです。SONYやパナソニックなど、主要なメーカーのカメラについては、専用のLUTデータが配布されており、一部はFinal Cut Pro Xに収録されています。
Final Cut Pro Xではクリップを読み込んだ際に、素材のメタデータから自動的にLUTを割り当てます。LUTが割り当てられていなかったり、カスタムでLUTを割り当てる場合は、手動でクリップに「LUT」を適用します。
ここではブラウザ内のクリップにLUTを割り当てる方法を説明します。

STEP1　ブラウザ内でLUTを割り当てるクリップを選択します。クリップは同時に複数選択することができます。

「LUT」を割り当てるクリップを選択

STEP2 インスペクタを開き、「情報」タブⓘの下端にあるプルダウンメニューから「設定」を選択します。

STEP3 「カメラのLUT」から割り当てるLUTを選択してクリップに適用します。

LUTが適用されると、通常はクリップの色や明るさが鮮明になります。

クリップの色が変わる

「カメラのLUT」

「LUT」を選択

STEP4 配布されているLUTを使う場合は、「カメラのLUT」から「カスタムカメラのLUTを追加」を選択します。

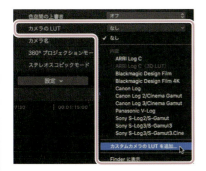

4-1 色調整の基礎知識と基本操作

STEP5 あらかじめダウンロードしたLUTファイルを選択します。Final Cut Pro Xではファイル名拡張子が.cubeおよび.mgaの3D LUTファイルを読み込めます。

「LUT」ファイルを選択

LUTがクリップに適用されました。適用した「カスタムLUT」は「カスタムカメラ」に登録されるので、次からは選択するだけですみます。

読み込んだ「LUT」を選択

タイムラインのクリップにLUTを適用する

ブラウザ内ではなく、タイムラインで編集しているクリップにLUTを適用する場合は「カスタムLUT」を用います。

STEP1 「エフェクト」ブラウザ から「カラー」>「カスタムLUT」を選択し、タイムラインのクリップにドラッグして適用します。

「カスタムLUT」をクリップにドラッグ

STEP2 インスペクタに「カスタムLUT」が登録されます。「LUT」のプルダウンメニューから「カスタムLUTを選択」でダウンロードしたLUTファイルを読み込みます。続いて、プルダウンメニューから読み込んだ「LUT」ファイルを選択します。

「LUT」が適用される

読み込んだ「LUT」ファイルを選択

Column
「LUT」ファイルのダウンロード

「LUT」ファイルはカメラメーカーのサイトから最新のものをダウンロードして使えます。また、さまざまなトーン（色調）の「LUT」ファイルが無料または有料でネット上で公開されています。個性的なトーンの「LUT」ファイルは色の復元用の「テクニカルLUT」と区別して「クリエイティブLUT」とも呼ばれています。ユニークな色や明るさを表現した「LUT」を探してみてはいかがでしょうか？

IWLTBAPの「LUTs Color Grading Pack」➡
https://luts.iwltbap.com

3 | カラーグレーディング―「カラーボード」編

タイムラインでクリップを編集したら、色と明るさを調整しましょう。Final Cut Pro Xに最初のバージョンから収録されている色調整ツールが「カラーボード」です。「カラー」（色み）、「サチュレーション」（彩度）、「露出」の3つのタブを使って色と明るさを調整します。

「カラーボード」を使う

「カラーボード」では最も簡単に色を調整できます。Final Cut Pro Xではデフォルト（初期設定）の色調整ツールになっています。

STEP1 タイムラインで色調整を行うクリップを選択し、インスペクタを開きます。

色調整を行うクリップを選択

STEP2 「カラー」タブを選択すると「カラーボード」のパネルが開きます。丸いコントロールのどれかを動かすと、クリップに「カラーボード」が適用されます。

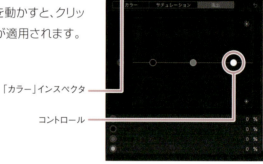

「カラー」インスペクタ

コントロール

STEP3 「カラーボード」を含めて、個々の色調整ツールは「エフェクト」ブラウザの「カラー」内に収められています。通常のエフェクトと同様にクリップにドラッグして適用することができます。

「カラーボード」
「カラーホイール」
「カラーカーブ」
「ヒュー／サチュレーションカーブ」

「ビデオスコープ」を使う

「ビデオスコープ」では、色と明るさの分布がグラフで表示されるので調整の目安として使います。

STEP1　ビューアの右上にある「表示」プルダウンメニューから「ビデオスコープ」を選択します。

STEP2　ビューアの左側に「ビデオスコープ」が表示されます。「スコープの設定」プルダウンメニューから「スコープ」の「波形」と、「チャンネル」の「RGBオーバーレイ」を選択します。

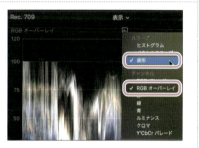

「カラーボード」で明るさを調整する

これで準備ができました。左側に「ビデオスコープ」、中央に調整するクリップが映った「ビューア」、右端に「カラーボード」という配置になっています。

はじめに明るさを調整しましょう。明るさは「露出」で調整します。「露出」には左から「マスター」「シャドウ」「中間色調」「ハイライト」のコントロールが並んでいます。「マスター」では画面全体の明るさを調整します。「シャドウ」「中間色調」「ハイライト」は画面の「暗い部分」「やや明るい部分」「明るい部分」を中心に明るさを調整するコントロールです。

コントロール

STEP1　顔が暗く見えるので「露出」の「中間色調」のコントロールを上にドラッグします。

4-1 色調整の基礎知識と基本操作

255

画面が全体的に明るくなりますが、一方で影の部分が白っぽくなってしまいました。

中間色調のコントロール

STEP2 「シャドウ」のコントロールを下にドラッグします。目安として「ビデオスコープ」の「0%」のラインまで最も暗い部分を下げます。

白っぽくなった画面が引き締まりました。

「0%」のライン　　　　　　　　　　　　　　シャドウのコントロール

このように、「ビデオスコープ」で明るさの幅を確認しながら調整すると、きれいに仕上がります。通常は、画面の中で最も明るい部分（この例では左上の空）を100%に、画面の中で最も暗い部分（この例では髪の毛の影）が0%に収まるように調整します。

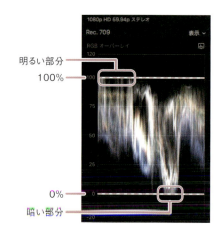

明るい部分
100%

0%
暗い部分

「カラーボード」でサチュレーション(彩度)を調整する

続いて「サチュレーション」を調整しましょう。

STEP1 「サチュレーション」タブに移動し、「ハイライト」と「中間色調」のコントロールを上げます。

画面の色味が緑を中心に濃くなったのがわかります。なお、画面全体の色の濃さは「マスター」コントロールで調整します。

「ハイライト」のコントロール

「カラーボード」でカラー(色み)を調整する

最後に「カラー」で色のバランスを調整します。全体に緑がかっているので、少し落としましょう。

STEP1 カラーの調整は「ビデオスコープ」を「RGBパレード」にすると色の配分がわかり、調整しやすくなります。ここでは「ハイライト」コントロールで緑色を抑えています。

カラーでは主に「ハイライト」を使って調整します。「シャドウ」を変化させると影に色がつくため、自然な色調ではなくなるからです。

「RGBパレード」　緑を少し下げる　プルダウンメニューから「RGBパレード」を選択　「ハイライト」のコントロール

これでこのカットの色と明るさの調整はほぼ、完了です。調整前と調整後を比べると違いがわかりますね。

↑調整前

↑カラーボードで調整後

4 | カラーグレーディング—「カラーホイール」編

「カラーホイール」は多くのビデオ編集ソフトで採用されているコントロール方式です。Final Cut Pro Xの「カラーホイール」は、「マスター」「ハイライト」「中間色調」「シャドウ」の各コントロールをまとめて表示できます。タブを切り替えることなく、一度に調整することができます。

「カラーホイール」を使う

「カラーホイール」を使って、「カラーボード」と同様に明るさと色を調整してみましょう。

STEP1 タイムラインで色調整を行うクリップを選択して、「カラー」タブ▼を開きます。「補正なし」をクリックしてポップアップメニューから「カラーホイール」を選択します。

次ページの図のような「カラーホイール」が表示されます。「中間色調」のホイールでインターフェイスを説明します。

「カラーホイール」には「カラーボード」の「露出」「サチュレーション」「カラー」が1つのホイールにまとまっています。中央の丸が「カラー」のコントロール、右側のスライダーが「ブライトネス」（露出）、左側のスライダーが「サチュレーション」（彩度）の調整タブになります。

ホイールの下の「温度」「色合い」「ヒュー」はホイールとは関係なく、クリップの色バランスを調整するために用います。

「温度」は、カメラで撮影した色温度を設定します。たとえば電球色の3200Kで撮影した素材は「3200」に設定すると色が適正になります。

「色合い」は、スライダーを右に動かすとマゼンダが濃くなります。左に動かすとグリーンが濃くなります。
「ヒュー」は、度数を変えると色相が変わります。たとえば赤色は度数を増やすにつれて、赤＞マゼンダ＞青＞シアン＞緑と色が変化します。

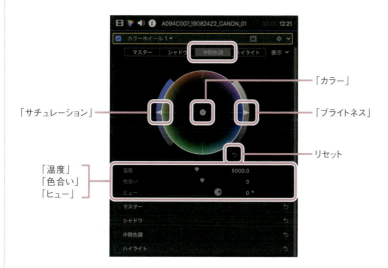

それでは実際に「カラーホイール」を使って調整してみましょう。

STEP2　「表示」メニューから「すべてのホイール」を選択し、4つのホイールをまとめて表示します。

STEP3　「カラーボード」のときと同様に「中間色調」の「ブライトネス」を上げ、「シャドウ」の「ブライトネス」を下げます。

肌が明るくなり、髪の黒い部分が「0％」に近くなりました。コントラスト（明暗の差）がくっきりしました。

髪の黒い部分　　　　　　　　「シャドウ」の「ブライトネス」を下げる　　　「中間色調」の「ブライトネス」を上げる

STEP4　次に「ハイライト」と「中間色調」の「サチュレーション」を上げて、色を濃くします。

「中間色調」と「ハイライト」の「サチュレーション」を上げる

STEP5　全体に色調が黄色が濃いので色を直しましょう。「ハイライト」の「カラー」コントロールをドラッグし、黄色と反対の青紫方向に動かします。

このように、色が濃い場合は補色系の色みを増やしてバランスをとります。

「ハイライト」の「カラー」コントロールをドラッグ

調整前と調整後は図のようになりました。調整後のほうが人物がくっきり目立つようになりました。

↑調整前

↑カラーホイールで調整後

「カラーホイール」では4つのホイールを同時に使うことで、タブを切り替える手間を省き、色調整に集中することができます。慣れてくると「カラーホイール」で調整するほうが手早く調整できるようになります。

5 カラーグレーディング―「カラーカーブ」編

「カラーカーブ」はPhotoshopの「トーンカーブ」と同様な機能を持つ色調整ツールです。「ルミナンス」（輝度）を細かく調整することができるため、セカンダリの調整で使われることも多くあります。

「カラーカーブ」を使う

STEP1 「カラーホイール」と同様にクリップを選択し、「カラー」タブのポップアップメニューから「カラーカーブ」を選択します。

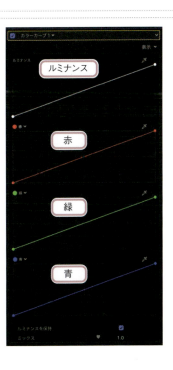

「カラーカーブ」のインターフェイスは図のようになっています。上から「ルミナンス」「赤」「緑」「青」のラインが配置されています。各ラインは左下が最小値、右上が最大値になっており、ポイントを設定し、カーブを描くことで変化を調整します。
色のラインは任意の色に変えることができます。

「カラーカーブ」で明るさを調整する

それでは実際に「カラーカーブ」を使ってクリップを調整してみましょう。この例では、映像のコントラストがきつく感じられるので、「ルミナンス」を使ってトーンを柔らかくしてみます。わかりやすいように「ビデオスコープ」を「ルミナンス」にして輝度成分だけを表示するようにしました。

STEP1 はじめに「ルミナンス」のカーブの両端から1/4の箇所をクリックしてコントロールポイントを作成します。

クリックしてコントロールポイントを追加

STEP2 左のポイントを上に、右のポイントを下に下げます。

影が薄くなり、コントラストが柔らかくなりました。このように、中間のカーブをなだらかにすると、落ち着いた画調になります。

コントラストが柔らかになる　　カーブをなだらかにする

STEP3 「ルミナンス」の中間のカーブを急峻にするとコントラストがきつくなり、明暗の差が極端になります。

「ビデオスコープ」でも明るい部分と暗い部分の幅が広がっているのがわかります。

　　明暗の差が広がる　　　　　　コントラストがきつくなる　　　　　　　　カーブを急峻にする

なお、コントロールポイントはカーブにいくつも作成できます。また、キーボードの「delete」キーで消去できます。

「カラーカーブ」で色を調整する

「ルミナンス」をなだらかなカーブに戻して、次に色のカーブを使って緑の色を抑えてみましょう。

STEP1　「ルミナンス」の下にある「赤」のカーブを使います。カラーピッカーのツールがオンになっているのを確認します。

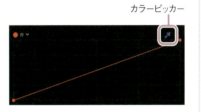

カラーピッカー

STEP2　カラーピッカーで画面の緑色の部分をクリックして色をピックします。

「赤」のカーブがピックした色に変わります。ピックした色に相当する箇所がカラーカーブに縦の線として表示されます。

　　クリックして色をピック　　　　　　　　　　　ピックした色の箇所

STEP3 ピックした色の箇所をクリックし、コントロールポイントを作成します。コントロールポイントを下げると、緑の色が抑えられます。

コントロールポイントを下げる

STEP4 カラーカーブでは色の名前の部分をクリックするとカラーホイールが表示されます。カラーカーブの色はカラーホイールを使って任意の色に変えられます。

カラー名をクリックしてカラーホイールを表示　　カラーホイールで色を変更

調整前と調整後は図のようになりました。全体的に柔らかいトーンになりましたね。「カラーカーブ」はカラーピッカーを使うことで、明るさや色を細かく調整できます。

↑調整前

↑カラーカーブで調整後

6 カラーグレーディング―「ヒュー／サチュレーションカーブ」編

クリップの明るさや色を全体的に調整するほかのツールと異なり、ある特定の色に対して明るさや彩度を調整するのが「ヒュー／サチュレーションカーブ」です。その特性から、カラーグレーディングでは第2段階の「セカンダリ」に適しているツールです。

「ヒュー／サチュレーションカーブ」を使う

「ヒュー／サチュレーションカーブ」のインターフェイスは図のようになっています。いずれも左に全体のレベルコントロールがあり、カラーピッカーが付属しています。

「ヒュー対ヒュー」では特定の色域を別の色に置き換えます。「ヒュー対サチュレーション」では特定の色域の彩度を変化させます。「ヒュー対ルミナンス」では特定の色域の彩度を輝度を変化させます。

このように選択した「色相」「彩度」「輝度」を変化させるのが「ヒュー／サチュレーションカーブ」です。

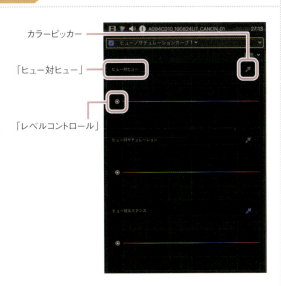

ヒュー対ヒュー

STEP1 「ヒュー対ヒュー」を使ってみましょう。カラーピッカーを使ってビューア内の画面から木の緑の部分をクリックして色をピックします。

ピックされた色の箇所が「ヒュー対ヒュー」カーブにコントロールポイントとして表示されます。

クリックして色をピック　　　ピックした色のコントロールポイント

STEP2 コントロールポイントをドラッグすると、色が変わるのがわかります。

4-1 色調整の基礎知識と基本操作

265

このように「ヒュー対ヒュー」では特定の色域を別の色に置き換えます。

色が変わる

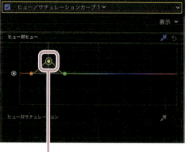
コントロールポイントをドラッグ

オレンジ対サチュレーション

実際によく使われるのは「オレンジ対サチュレーション」です。「オレンジ」とは人の肌の主要な色を指しています。つまり、肌の彩度を上げるときに使うツールと言えます。

STEP1 カラーピッカーで肌の部分をクリックして色をピックします。

肌の部分をクリック

ピックした色の箇所

STEP2 ピックしたコントロールポイントを上にドラッグします。

図のように肌色の彩度が上がり、血色がよくなりました。この例はわかりやすいように極端に調整していますが、実際には色が自然に見えるようにモニターを見ながら微調整します。

血色がよくなる

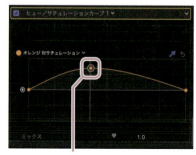
コントロールポイントをドラッグ

このように、ベースの色調整をしたあとに「もうひと手間」として振りかける調味料のようなツールが「ヒュー／サチュレーションカーブ」です。

7 | フィニッシュ

クリップの調整をしたら、これで映像の編集は終了！でもよいのですが、フィニッシュワークとして、仕上げの作業を行うことがあります。たとえばシーン全体の輝度を調整したり、色合いを暖色系または寒色系にずらすなど、どちらかといえば複数のクリップにエフェクトを設定することが多いものです。そうしたフィニッシュワークには「調整レイヤー」を使うと便利です。

「調整レイヤー」で色を調整する

Motionで作成した「調整レイヤー」（または「Ripple Training」の「RT Adjustment Layer」→P.243）を使って色を調整します（「調整レイヤー」の作成方法についてはP.240「3-4-3『調整レイヤー』を作成する」参照）。

STEP1 「調整レイヤー」をクリップの上に接続します。

Motionで作成した「調整レイヤー」

STEP2 「調整レイヤー」を選択し、インスペクタを開きます。「カラー」インスペクタで「補正なし」をクリックし、プルダウンメニューから任意のカラーツールを選択します。

STEP3 カラーツールを使って調整します。ここでは「カラーホイール」を用いています。

「調整レイヤー」に設定したエフェクトは「調整レイヤー」下のクリップに適用されます。

「調整レイヤー」に設定した「カラーホイール」

「調整レイヤー」で「ブロードキャストセーフ」を使う

放送番組などでは、納品フォーマットとして輝度の上限が100%に決められています。こうした場合には「ブロードキャストセーフ」を使って輝度を抑えます。「調整レイヤー」を使うとプロジェクトにまとめてエフェクトを適用できるので便利です。

STEP1 「エフェクト」ブラウザから「カラー」>「ブロードキャストセーフ」を選択し、タイムラインの「調整レイヤー」にドラッグします。

「調整レイヤー」にドラッグ

STEP2 インスペクタで確認すると、エフェクトに「ブロードキャストセーフ」が適用されていることがわかります。

左が「ブロードキャストセーフ」適用前、右が適用後のクリップです。見た目はほとんど変わりませんが、「ビデオスコープ」で確認すると100%以上の輝度が抑えられていることがわかります。
なお、YouTubeなど主な動画投稿サイトは輝度の100%制限はないので、「ブロードキャストセーフ」を使う必要はありません。

100%を超えた部分

↑「ブロードキャストセーフ」適用前

輝度が抑えられた

↑適用後

4-2 HDR素材の取り扱い

4K映像の普及とともに、「HDR」(High Dynamic Range ハイダイナミックレンジ)と呼ばれる広い色域を使った映像作品が増えてきました。HDRは従来の色の規格である「Rec.709」から「Rec.2020」という、より広い色域(色と明るさの範囲)の規格を用いています。これにより、きめ細かな色のディテールだけでなく、これまで白飛びしたり黒潰れしていた部分の階調もきれいに表現できるようになりました。HDRに対応したディスプレイでは、豊かな色調とコントラストで映像を表示できます。Final Cut Pro Xでは「Rec.709」に加えて「Rec.2020」での編集に対応しています。ここではHDRで撮影された素材の取り扱い方法について解説しましょう。

1 ライブラリの設定を行う

HDRで収録された素材を編集するには、はじめにライブラリの設定をHDR用に変更しておきます。

STEP1 サイドバーでライブラリを選択し、インスペクタを開きます。「ライブラリのプロパティ」で「変更」をクリックします。

STEP2 「色処理」の項目を「標準」から「Wide Gumut HDR」に変更します。

これでライブラリ内でHDR素材を編集することができるようになります。

STEP3 「ファイル」メニューから「新規」>「プロジェクト」を選択します。プロジェクトの作成画面で「カスタム設定を使用」を選択します。

STEP4 「レンダリング」の「コーデック」で「Apple ProRes 422 HQ」以上を選択します。

STEP5 「色空間」で「Wide Gamut HDR - Rec.2020 PQ」または「Wide Gamut HDR - Rec.2020 HLG」のどちらかを選択します。

「色空間」を選択

STEP6 「A/V出力」で設定している外部モニターが広色域に対応していない場合は、「Final Cut Pro」メニューの「環境設定」で「再生」を開き、「A/V出力」の「HDRをトーンマッピングとして表示」にチェックを入れておきます。

これで従来のモニターでもHDR映像をモニタリングすることができます。なお、このチェックは「Final Cut Pro X 10.4.7」以降で有効になります。

チェックを入れる

> **Memo**
>
> ### PQとHLG
>
> 現在、HDRの記録方式としては主に「PQ」と「HLG」の2種類があります。どちらも「Rec.2020」に対応しますが、特性が異なります。
> 「PQ」は「Perceptual Quantization」の略で、独自の「PQ」カーブを用いて12bitの色深度で記録します。「PQ」をベースにした12bitの高品質の配信用の規格として「Dolby Vision」があります。また、Ultra HD Blu-rayや配信コンテンツ用に10bitの色深度に調整した規格が「HDR10」です。「PQ」はコンテンツ単体で楽しむ映画やドラマなどに適したフォーマットと言えるでしょう。
> 「PQ」に対して「HLG」は「Hybrid Log Gamma」の略で、「ハイブリッド」と名称にあるように従来の「Rec.709」で収録されたコンテンツとの互換性を保ちつつ、中・高輝度域の表現範囲を広げた規格です。「HLG」は4K放送に対応しています。
> 今後しばらくは、一般ユーザーや放送用には互換性の高い「HLG」、映画やCMなどには「PQ」が主に使われていくでしょう。

2 | HDRでの編集

HDR素材の編集も基本的にはこれまでの編集方法と変わりません。注意しなければならないのは、HDR素材と従来のSDR=Standard Dynamic Range（スタンダードダイナミックレンジ）で撮影された素材との混在です。ここではPanasonicのLUMIX HG5を使って「HLG」モードで撮影された素材を例に、編集方法の基本を紹介します。

HDR素材での編集

同じ「HLG」で収録された素材については、従来のSDR素材との差を意識せずに編集することができます。

STEP1　編集の際に「ビューア」の「表示」プルダウンメニューから「表示」＞「HDRをトーンマッピングとして表示」を選択しておきます。

STEP2　プロジェクトの色空間を「Wide Gamut - Rec.2020 HLG」に設定します。

STEP3　プロジェクトをダブルクリックしタイムラインで「HLG」の素材をタイムラインで編集します。

「HLG」の素材をタイムラインで編集

HDRのプロジェクトでSDR素材を使う

HDRで編集しているプロジェクトでSDRの素材を扱う際には輝度を調整する必要があります。この例は「HLG」で撮影された素材を編集中に「ビデオスコープ」を使って波形を表示してみたものです。「0％」から「100％」の間に輝度が収まっていることがわかります。

「0％」から「100％」の間に輝度が収まっている

このタイムラインに同じ場所で撮影したSDR=「Rec.709」で撮影した素材を挿入してみると図のように暗く見えます。これは「Rec.709」の輝度100％が「HLG」の輝度では「50％」で表示されるためです。

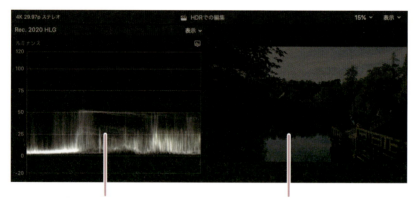

SDR素材は「100％」が「50％」となり暗く表示される　　SDR素材

そこで、SDRの素材に対して「カラーボード」などの色調整ツールを用いて輝度や色の補正を行います。このときSDRの白100％が「HLG」の輝度で「75％」程度になるように調整します。輝度を上げすぎるとHDRモニターで視聴した際に明るくなりすぎてしまうためです。

最大輝度を「75%」程度に調整

STEP1 Logモードで撮影された素材を編集する場合は、クリップに「エフェクト」ブラウザの「カラー」>「カスタムLUT」を適用します。

STEP2 「LUT」でRec.709用の「LUT」を選択します。「変換」の「入力」で「Rec.709」、「出力」で「Rec.2020 HLG」を選択します。その後、色調整ツールで色を調整します。

Rec.709用のLUT

出力:「Rec.2020 HLG」を選択

SDRのプロジェクトでHDR素材を使う

SDRで編集しているプロジェクトでHDRの素材を扱う際には「HDRツール」を用いて調整を行います。

STEP1 SDRで編集しているプロジェクトのタイムラインにHDRの素材をドラッグすると図のような警告メッセージが表示されます。「OK」をクリックします。

STEP2 タイムラインに配置したクリップに「ビデオスコープ」を使って波形を表示すると、図のように輝度が100%を超えているのがわかります。

「HLG」は低輝度〜中輝度の部分はSDRのクリップと同じように見ることができますが、高輝度の部分は白飛びするのです。

HDR素材は輝度が100%を超える　　　白飛びしている

STEP3 クリップに「エフェクト」ブラウザ ■ の「カラー」>「HDRツール」を適用します。

STEP4 インスペクタを開きます。「HDRツール」の「モード」から「HDR から Rec.709 SDR」を選択します。

「HLG」クリップの輝度が抑えられ、空の雲がわかるようになりました。このように、「HDRツール」を用いてHDR素材の色調変換を行うことができます。

輝度が100%以内に収まる　　　雲が見えるようになった

Column
「4:2:2」
「10ビット」とは？

カメラやディスプレイの紹介サイトでは、上記の表記をよく目にします。これらは何を表しているのでしょう。

「4:2:2」は「カラーサンプリング」、「10ビット」は「ビット深度」のことです。どちらも色の情報の密度を表しています。

「カラーサンプリング」は輝度の情報（Y）に対する色の情報（Cb、Cr）の比率を表したものです。「4:2:2」は輝度に対して色の情報は面積比で1/2、「4:2:0」では1/4になります。人間の目は、輝度の情報（主にモノクローム映像）の解像度が高ければ、色の情報は解像度を落としても美しく見える、という特性があります。この特性を生かし、ブルーレイディスクや配信コンテンツでは容量を抑えるために「4:2:0」でエンコードされていることが多いのです。

Final Cut Pro Xでは「ビデオスコープ」で「Y Cb Crパレード」を選択すると、「Y Cb Cr」ごとの分布を確認することができます。

「ビット深度」とは1つの画素に割り当てることのできる色の数を表しています。こちらは輝度と色を分けずに、まとめて「R、G、B」の3原色で表示できる色の総数を表示します。

たとえば色深度が「8ビット」では「R、G、B」各色に8ビットを割り当てて色を表現します。8ビットは2の8乗＝256ですから、R×G×Bは256×256×256＝約1670万色を表現できるというわけです。10ビットでは2の10乗＝1024なので1024×1024×1024＝約10億7千万色を表現できます。プロ仕様のカメラやディスプレイの紹介文に「10 bit階調：表示色10.7億色」と書かれているのは、こういうわけです。「ビット深度」が深いほど、多い色数を扱えますが、その分、データ量は膨大になります。

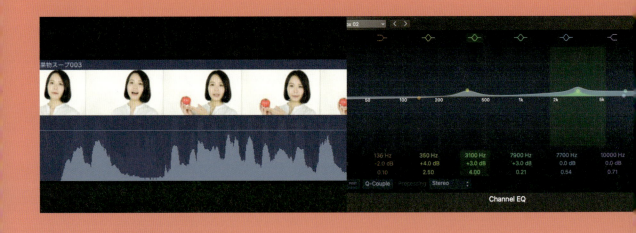

Chapter 5
自信が持てる
サウンドテクニック

Final Cut Pro Xの「エフェクト」ブラウザには多くのオーディオエフェクトが収められています。どれを使ったら音が良くなるのか、アイコンを見ただけではわからないかもしれません。そこで、音が良くなるエフェクトとその使い方をご紹介しましょう。本章では「ひと通り音の編集はしたけれど、これで完成にしてよいかどうかわからない」という方に向けて、ワンランク上の音作りを目指したワークフローをご紹介します。

5-1 「ミキシング」で音質を上げる

サウンドのミキシングは作品を仕上げる重要な工程です。収録したサウンドからノイズを減らし、セリフを際立たせ、効果音や音楽を加え、最後にまとめます。ここではFinal Cut Pro Xのエフェクトを使いながら、手軽にミキシングする方法を紹介します。

ノイズを減らす → 声をクリアにする → 効果音と音楽を加える → ミキシング

↑ミキシングの基本的な流れ

1 セッティング

ミキシング前に、クリップの音声を確認しておきましょう。

ステレオとモノラル

まず、クリップの音声がステレオなのか、モノラルなのかを確認します。

STEP1 クリップを選択し、インスペクタを開いて、「オーディオ」タブ 🔊 から「オーディオ構成」を確認します。

一般的なビデオクリップは「ステレオ」になっています。

STEP2 セリフやコメントなどステレオではなく、モノラルで再生したい場合は、「ステレオ」のプルダウンメニューから「デュアルモノ」を選択します。

片方のチャンネルの音声のみを使用する場合、使用しないチャンネルのほうはチェックを外してオフにしておきます。なお、「デュアルモノ」では「オーディオ補正」はチャンネルごとに設定されます。

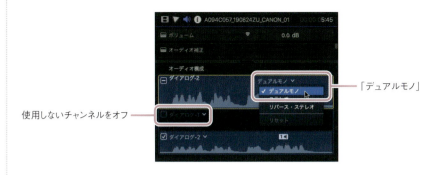

使用しないチャンネルをオフ ／ 「デュアルモノ」

2 ノイズを減らす

Final Cut Pro Xの人気の1つに、強力なオーディオ補正ツールがあります。操作も簡単でマウスクリックだけで簡単に補正をかけられる便利なツールです。

オーディオを自動補正する

クリップのオーディオに「オーディオ補正」を設定してみましょう。

STEP1 図のように、短い編集済みのクリップが並んでいます。

これからこのプロジェクトをミキシングしていくことにします。

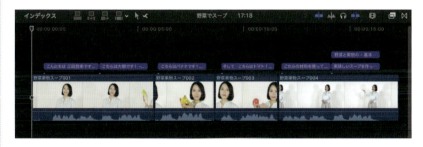

STEP2 はじめに「クリップのアピアランス」でオーディオトラックの表示を大きめのサイズに変更しておきます。

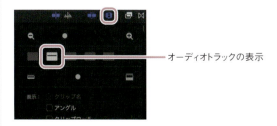

オーディオトラックの表示

STEP3 クリップをまとめて選択し、ビューア下にある「色補正とオーディオ補正のオプション」 プルダウンメニューから「オーディオを自動補正」を選択します。

クリップをまとめて選択

STEP4 左端のクリップを選択し、インスペクタから「オーディオ」タブ を選択します。「オーディオ補正」の右側にある「表示」をクリックします。

STEP5 「オーディオ補正」が開きます。設定項目の右端に緑色のチェックがついています（下図❶）。

STEP6 クリップを再生・確認し、修正したい項目の左側にチェックを入れてオンにします。ここでは「ノイズ除去」をオンにしました。

「ノイズ除去」はノイズキャンセリングの機能を持った補正ツールです。周囲のノイズを低減します。

「ノイズ除去」をオン

下図は「ノイズ除去」を適用する前のクリップです。波形を見ると声を出している部分以外にも、周辺のノイズがあることがわかります。

周辺のノイズ

「ノイズ除去」を適用した後のクリップです。環境音のノイズがすっきり取れているのがわかります。
このように、「ノイズ除去」は周辺ノイズを除去して、メインの音を聞き取りやすくします。ただし、使い過ぎると声の成分も削がれて変な声になってしまうので注意しましょう。

ノイズが抑えられた

STEP7　「範囲選択」ツール◉で声の前後の部分を選択し、「音量コントロール」のラインを下げて声の部分だけ残すようにします。

範囲を選択し「音量コントロール」を下げる

図のように声の前後の音量を下げておきます。これで声以外の部分は音量が「0」になります。同様にしてほかのクリップもノイズの処理をしていきます。

> **Memo　環境ノイズは必要？ 不要？**
>
> BGMなどが入らない場合はノイズをすべて取り除いてしまうと違和感が生じるかもしれません。私たちはまったく音のない環境では生活していないので、若干のノイズはあったほうが自然に感じるのです。特にドラマなどでは、周囲の環境音も演出上重要な意味を持ちます。セミの鳴き声や、踏切の警報音など、ロケなどでは環境音を録音しておいて、編集で加えることもあります。不要なノイズは取り除きたいですが、逆にわざと加えたいノイズもある、大切な要素だと言えます。

「ノイズ除去」以外の補正ツール

「オーディオ補正」のほかの設定項目についても説明しておきましょう。必要な場合に「オン」にしてクリップを調整しておきます。

「イコライゼーション」

クリップの音域を調整します。プルダウンメニューでプリセットを選択します。「低域軽減」では「ゴー」というような低い音のノイズを抑えます。「高域軽減」では「サー」というような高い音のノイズを抑えます。

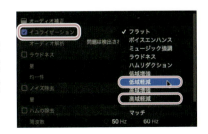

281

「グラフィックイコライザ」

「イコライゼーション」の右にある「エフェクトエディタ」アイコン▦をクリックすると「グラフィックイコライザ」が展開されます。

「グラフィックイコライザ」では右が高音域、左が低音域の調整項目になっています。各周波数のレベルを調整することで音質を変えられます。また、プルダウンメニューで「低域軽減」を選択すると、低音域が下がっていることがわかります。

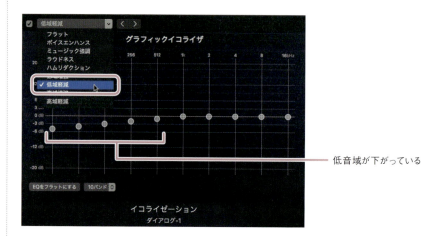

低音域が下がっている

「ラウドネス」

クリップの音量を整えます。クリップ全体の音量が低いときや、大きな音と小さな音が混ざっているときなどに使います。たとえば近くの人と遠くの人が話しているときに使うと音量が均一化され、全体的に聴き取りやすくなります。

「量」のスライダーを右に動かすと音量が大きくなります。また、「均一性」スライダーを右に動かすと小さな音の音量が大きくなります。

「ハムの除去」

ブーンという電源に起因する周波数音を低減します。東日本は50Hz、西日本は60Hzです。

Column
質のよい音声を録るには?

動画撮影でよい音を録るコツ、それは「カメラとマイクを分ける」ということです。いわゆる「自撮り」くらい近くてよいなら問題ありませんが、出演者を美しく撮りたいなら、距離があるほうが広角レンズの歪みが抑えられます。一方で、カメラとの距離が離れればそれだけ音量は下がり、周辺のノイズが増えてしまいます。

そこで、襟元などに装着するピンマイクを使うと便利です。口元の近くにマイクがあることで、常にクリアな音を録音できます。RODE MICROPHONESの「Wireless GO」(輸入/販売代理店 銀一株式会社)は、クリップタイプのワイヤレスマイクです。胸元にマイク付きの送信機を装着し、カメラ側に受信機を取りつけてマイク入力端子から録音します。

カメラとマイクを個別に収録する方法もあります。TASCAMの「DR-10L」は、ピンマイクと録音機が一体になったピンマイクレコーダーです。

カメラではガイドとして音を録音し、編集時にカメラとレコーダーの音を同期させます。Final Cut Pro Xで動画と音声を同期させるには、ブラウザで2つのクリップを選択し、右クリックで「クリップを同期」を選択します。ブラウザ内に同期したクリップが作成されます。

↑RODE MICROPHONES「Wireless GO」
輸入/販売代理店 銀一株式会社
https://www.ginichi.co.jp/brand/rodemicrophones/

↑TASCAMの「DR-10L」
https://tascam.jp/jp/product/dr-10l/top

↑同期したクリップ

5-1 「ミキシング」で音質を上げる

283

3 | 声をクリアにする

ノイズを減らしたら、次に声をクリアにしましょう。Final Cut Pro Xのオーディオエフェクトから「ブライトネス」や「アフレコ補正」を用いると、声に透明さと厚みが増し、よく聞こえるようになります。

「ブライトネス」を使う

「ブライトネス」をクリップに適用して使ってみましょう。

STEP1 タイムラインでクリップを選択し、「エフェクト」ブラウザ を開きます。「オーディオ」>「ボイス」>「Final Cut」>「ブライトネス」を選択し、クリップにドラッグします。

「ブライトネス」をクリップにドラッグ

クリップに「ブライトネス」が適用されました。再生して聞いてみると、声に張りが増えたように聞こえます。

STEP2 クリップを選択し「オーディオ」タブ を開くと、「エフェクト」に「ブライトネス」が追加されています。「量」のスライダーを右に動かすと、明瞭さが増すとともにキンキンと尖った音になります。

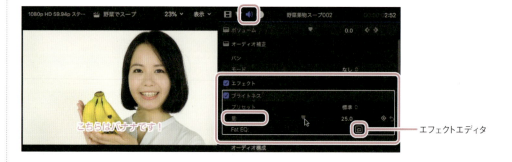

エフェクトエディタ

STEP3 「エフェクトエディタ」アイコン をクリックすると「ブライトネス」の「詳細設定」が表示されます。

この画面はエフェクトの「オーディオ」>「EQ」>「Logic」>「Fat EQ」と同じものです。じつは「ブライトネス」は「Fat EQ」のプリセットなのです。

「ブライトネス」の「量」を右にスライドさせると「詳細設定」の高い周波数のレベルを上げていることがわかります。音の調整に慣れてきたら、「詳細設定」でパラメータを細かく設定してみるとよいでしょう。

「ブライトネス」の「詳細設定」

「量」の値を上げる

高い周波数のレベルが上がる

Column
オーディオエフェクトの
3つのカテゴリ

Final Cut Pro Xのオーディオエフェクトは以下の3つのカテゴリに分けられています。

- 「Final Cut」カテゴリ:Appleの「Logic」や「macOS」のエフェクトを組み合わせたプリセット集
- 「Logic」カテゴリ:「Logic」と共通のエフェクトが収録されている
- 「macOS」カテゴリ:OSに標準で搭載されているAU=Audio Unitのエフェクト

図はオーディオエフェクトの「ボイス」に収録されているエフェクトです。
このうち、初級者が扱いやすいのは「Final Cut」カテゴリのエフェクトです。あらかじめ目的別にパラメータが設定されているので、すぐに効果を実感できます。
一方、音楽制作ツールに慣れている方は「Logic」カテゴリのエフェクトをクリップに設定したほうが扱いやすいでしょう。
ユーザーにとって、使い勝手がよいエフェクトを選ぶことをお勧めします。

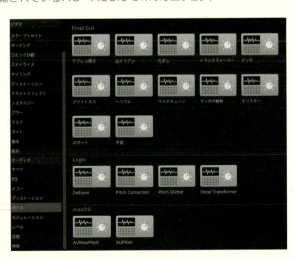

285

「アフレコ補正」を使う

「アフレコ補正」をクリップに適用して使ってみましょう。

STEP1　「ブライトネス」と同様に、「オーディオ」＞「ボイス」＞「Final Cut」＞「アフレコ補正」を選択し、クリップに適用します。

「アフレコ補正」では4つの項目から設定を選べます。再生してみると「アフレコ補正」は声に厚みが増すように聞こえます。

「小さな部屋」を使う

声が固すぎる場合は、「リバーブ」系のエフェクトを用いると広がり感を出せます。

STEP1　クリップを選択し「オーディオ」＞「空間」＞「Final Cut」＞「小さな部屋」を選択し、クリップに適用します。

エフェクト「小さな部屋」では反響音を少しだけクリップに加えられます。声に張りが欲しいときなどに使うと響きが加わってきれいな声に聞こえます。

いかがでしょうか？　本項で紹介した3つのエフェクトを使うと声の質が変わるのがわかりますね。
セリフやコメント、ナレーションがクリアに聞こえるようになると、BGMを加えても声が前に出るようになります。もちろん、声だけでなく、ざわめきや都会の騒音、川のせせらぎや風の音など、さまざまな音源に音のエフェクトを使ってみてください。

Column
「ループ再生」を
活用しよう

オーディオのエフェクトを調整する際には「ループ再生」を設定すると繰り返し再生してくれるので便利です。

STEP 1 「表示」メニューから「再生」>「ループ再生」を選択します。

STEP 2 再生したいクリップを選択し、「表示」メニューから「再生」>「選択項目を再生」を選択します。

スペースキーを押すまで、繰り返し同じクリップを再生します。エフェクトのパラメータは再生中でも調整ができます。

4 効果音とBGMを加える

声にエフェクトを加えたら、最後に効果音とBGMを加えて、音の素材は揃います。作品によってはこの段階でナレーションやアフレコを加えることもあります。

効果音を加える

効果音と音楽が入ると作品に迫力が生まれます。Final Cut Pro Xには1,300以上の著作権フリーで使用できる効果音が含まれています。「サウンドエフェクト」から好みの効果音を使ってみましょう。

STEP1 サイドバーの「写真とオーディオ」から「サウンドエフェクト」を選択します。

クリップはダブルクリックすると再生できます。ここでは「タイムパス」というコミカルな音の効果音を選びました。

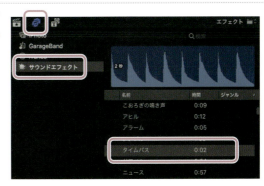

5-1 「ミキシング」で音質を上げる

287

STEP2　効果音をタイムラインにドラッグして、基本ストーリーラインのクリップに接続します。

この例では、大根やトマトなどを取り出すときに効果音を入れることにしました。

STEP3　元の効果音は長いので短くし、音量を下げました。

あとでミキシングするので、音量はおおまかでかまいません。このように、効果音も一般のオーディオクリップと同様に扱えます。

長さと音量を調整

BGMを挿入する

効果音を入れたら、音楽をタイムラインに挿入します。ここでは引き続き「サウンドエフェクト」の音源を使用します。もちろん素材集や「Audio stock」などオンラインのストックサービスの音源を使ってもかまいません。好みの音楽を利用して作品を盛り上げましょう。

STEP1　Final Cut Pro Xの音楽素材は、「サウンドエフェクト」の「ジングル」というカテゴリーに収められています。

「ジングル」とはシーンの場つなぎ的な音楽という意味です。この例では「Buddy」という音楽を選びました。

STEP2　効果音と同様に音楽クリップをタイムラインにドラッグして配置し、映像クリップに合わせて長さを調整します。

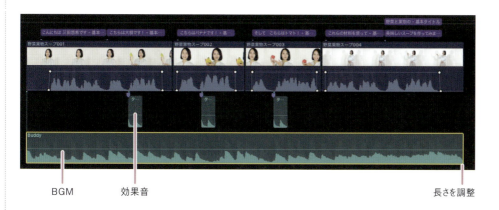

BGM　　効果音　　　　　　　　　　　　　　　　　　　　　長さを調整

オーディオロールを割り当てる

「サウンドエフェクト」の素材はすべてエフェクトロールに設定されています。「ロール」とはクリップの種別のことです。ここでは、読み込んだ「Buddy」のクリップに「ミュージック」ロールを割り当てておきます。

STEP1　音楽クリップ「Buddy」を右クリックし「オーディオロールを割り当てる」>「ミュージック-1」を選択します。

右クリック

5-1 「ミキシング」で音質を上げる

289

音楽クリップ「Buddy」に「ミュージック」ロールが設定されました。図ではわかりにくいかもしれませんが、クリップの色が明るい緑色に変わっています。このように同じ音の素材であっても、その種類によってロールを割り当てることができます。ロールの設定はこのあとミキシングを行う際に用います。

BGMに「ミュージック-1」の「ロール」が割り当てられた

Column
アフレコには
専用のマイクを使おう

アフレコやナレーションの録音はFinal Cut Pro Xでも行えます。本格的にアフレコをする場合は、MacBookの内蔵マイクではなく専用の外部マイクを使うことをお勧めします。この場合は「アフレコを録音」の「入力」でMacに接続した入力デバイスを選択して録音します。

USBマイクなど入力デバイスを選択

※「アフレコを録音」についてはP.93「『アフレコを録音』で仮ナレを録音する」を参照してください。

5 ミキシングする

音の素材が揃ったらそれぞれのレベルを調整して、ミキシングを行います。ここでは一般的なタイムラインでのミキシングと、「オーディオレーン」を使ったミキシングの2つの方法を解説しましょう。

タイムラインでのミキシング

タイムラインのクリップの音量を調整してミキシングをします。

STEP1 はじめにセリフの音量を調整します。セリフのあるクリップを選択し、タイムラインの上側にあるヘッドホン型のアイコンの「ソロ」ボタン🎧をクリックします。

選択したクリップ以外のクリップが灰色に変わり、ミュート（無音）になります。

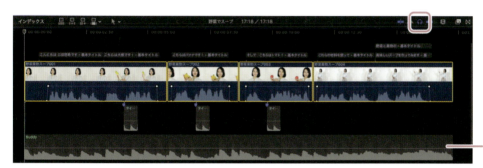

ミュート（無音）になる

STEP2 ビューア右下の「オーディオメータ」をクリックして、タイムライン右側に大きく表示します。

「オーディオメータ」

STEP3 タイムラインの冒頭から再生してクリップごとにセリフの音量を調整します。音量の調整は「音量コントロール」を上げ下げして行います。

目安としては、オーディオメータの「-6」から「0」の間を、レベルのピークが上下しているように調整します。

クリップの音量を調整

「-6」から「0」の間を上下しているように調整

5-1 「ミキシング」で音質を上げる

291

STEP4 続いて、効果音の音量を調整します。セリフのあるクリップと効果音のクリップを選択し、「ソロ」ボタン🔲をクリックします。再生しながら効果音の音量を調整します。

効果音の音量を調整

STEP5 複数のクリップの音量をまとめてコントロールするには、音量を変えたいクリップを選択し、「オーディオ」タブ🔊で「ボリューム」を調整します。

選択したクリップの音量がまとめて変わります。

音量を調整したいクリップを選択

選択したクリップの音量を調整

STEP6 最後に音楽の音量を調整します。「ソロ」に設定していたクリップを選択し、再度「ソロ」ボタンを押し、「ソロ」を解除します。

STEP7 最初は音楽を少し大きめに、セリフが入ると小さくする、というように調整します。また、全体を通して音量は「0」を超えないようにレベルを調整します。

これでタイムラインでのミキシングは完了です。

BGMの音量を調整

「0」を超えないように調整

「オーディオレーン」を使ったミキシング

音の素材が多い場合や、尺が長い作品の場合はロールごとにまとめたオーディオレーンを使ってミキシングすると簡単です。

STEP1　はじめにクリップをまとめて複合クリップにします。「⌘」+「A」キーを押して、タイムラインにあるクリップをすべて選択します。選択したクリップを右クリックして、表示されるメニューから「新規複合クリップ」を選択します。

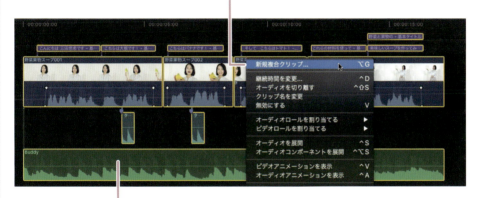

右クリックして表示されるメニューから「新規複合クリップ」を選択

「⌘」+「A」キーですべてのクリップを選択

STEP2　「複合クリップ名」を入力し、複合クリップを作成するイベントを選択して「OK」をクリックします。

STEP3　タイムラインにクリップが1つにまとめられた「複合クリップ」が作成されます。タイムライン左上にある「インデックス」をクリックします。

「インデックス」をクリック

「複合クリップ」

STEP4 「インデックス」が表示されます。「ロール」タブを選択し、右下の「オーディオレーンを表示」をクリックします。

「ロール」タブ

「オーディオレーンを表示」をクリック

ロールごとにオーディオレーンが表示されます。ここではセリフのある「ダイアログ」レーンが濃い青色、効果音の「エフェクト」レーンが青緑色、音楽の「ミュージック」レーンが緑色で表示されます。「BGMを挿入する」で、音楽クリップにオーディオロールを割り当てたのはこのためです（→P.288）。このように、クリップに割り当てたロールごとにオーディオレーンが表示されます。

「ダイアログ」レーン　　「エフェクト」レーン　　「ミュージック」レーン

STEP5　オーディオレーンごとに音量を調節します。はじめに「ダイアログ」の「焦点」ボタン◎をクリックして「ダイアログ」以外のレーンを最小化しておきます。

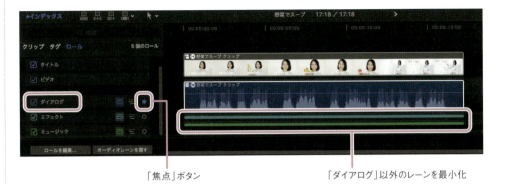

「焦点」ボタン　　　　　　　　　　「ダイアログ」以外のレーンを最小化

STEP6　「ダイアログ」レーンを選択して「ソロ」ボタン◎をクリックし、「ダイアログ」レーンの音声のみが聞こえるようにしてから、「タイムラインでのミキシング」（→P.291）と同様に、「オーディオメータ」を確認しながら音量を調整します。

「ダイアログ」レーンの音量を調整

STEP7　同様にして、「エフェクト」レーンと「ミュージック」レーンの音量を調整します。

このようにオーディオレーンごとにまとめて音量を調整することで、1つ1つのクリップの音量を調節しないで済みます。プロジェクト内でクリップの数が多いときに、便利な方法です。

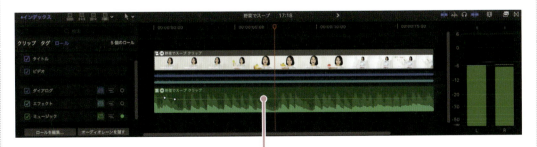

「ミュージック」レーンの音量を調整

複合クリップを再度編集する

STEP1 複合クリップ内のクリップを一時的に編集したい場合は、複合クリップをダブルクリックします。または複合クリップを選択して、「クリップ」メニューの「クリップ項目を開く」を選択します。

複合クリップ内のタイムラインが開き、編集ができるようになります。編集後、タイムラインの ボタンで複合クリップに戻ります。オーディオレーンを使ったミキシングのデータはそのまま保持されます。

「＜」ボタンで元の複合クリップに戻る

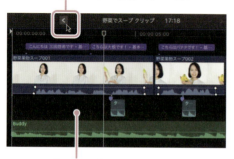

複合クリップ内のタイムライン

5-2 「マスタリング」で音を仕上げる

「ミキシング」で音量の調節をしたサウンドを仕上げるのがマスタリングです。「ミキシング」したサウンドに厚みを持たせて、しっかり聞かせるようにします。ただし、やりすぎると「濃厚すぎるソース」のように素材の良さが消えてしまうので注意しましょう。

1 イコライザーで音を整える

P.293「『オーディオレーン』を使ったミキシング」で「複合クリップ」にまとめたプロジェクトを使って、ロールごとにイコライザーで音を整えてみましょう。
なお、「複合クリップ」を使わない場合は、ロールではなく、クリップごとに設定します。

「Channel EQ」を使う

「Channel EQ」を使ってロールごとに音質を調整します。

STEP1 ロールを選択し、「エフェクト」ブラウザ ■ から「EQ」＞「Channel EQ」を「ダイアログ」ロールにドラッグして適用します。

この例の「ダイアログ」ロールには、コメントが収められた動画クリップが割り当てられています。

「Channel EQ」を「ダイアログ」ロールにドラッグ

STEP2　「ダイアログ」ロールに「Channel EQ」が設定されました。「オーディオ」🔊イン
スペクタで「Channel EQ」の「プリセット」から「05 Voice」＞「Speaking
Voice Improve」を選択します。

「Speaking Voice Improve」はコメント・の補正用のプリセットです。

「Speaking Voice Improve」を選択

STEP3　「Channel EQ」の「エフェクトエディタ」▣をクリックします。

「エフェクトエディタ」のインターフェイスが表示されます。「Speaking Voice Improve」は低音域（グラフ左側）を下げ気味に、中高音域を上げる設定になっていることがわかります。
ロールを再生して音声を確認します。必要であれば、音域のコントロールを上下にドラッグして細かい調整ができますが、この例では「エフェクト」ロールは効果音なのでそのままにしておきます。

音域のコントロールを上下にドラッグ

STEP 4 次に「ミュージック」ロールです。このロールはBGMのロールです。先ほどと同様に「Channel EQ」を適用します。ここでは「プリセット」から「07 EQ Tools」＞「Loudness EQ」を選択しました。

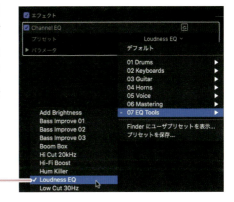

「Loudness EQ」を選択

「エフェクトエディタ」をクリックしてインターフェイスを表示してみましょう。グラフの中央の中音域が下がっているのがわかりますね。中音域が下がると少し離れた場所で音が鳴っているように聞こえます。このように、セリフの音域と音楽の音域をずらして調整することで、音がぶつからずに聞こえやすくなります。

中音域が下がっている

「Channel EQ」の設定を保存する

「Channel EQ」の設定はプリセットとして保存できます。たとえば出演者ごとにプリセットを作っておけばいつでも簡単に設定を適用でき、効率的に作業を進められます。

STEP 1 「Channel EQ」の「プリセット」のプルダウンメニューから「プリセットを保存」を選択します。

STEP2 プリセットに名前を入力して保存します。ここでは「三田悠希」という名前にしました。

STEP3 次回からプリセット名を選択してクリップに「Channel EQ」を適用することができます。

プリセットを選択

2 コンプレッサーで音圧を上げる

コンプレッサーを使うと音のレベルを一定の範囲にまとめて、全体として音圧を上げられます。出演者が多いトーク動画などでは音量がまとまって聞き取りやすくなります。

「Compressor」を使う

「Compressor」を使って複合クリップ全体の音圧を上げます。

STEP1 インデックスの「オーディオレーンを隠す」をクリックしてオーディオレーンを非表示にしておきます。

STEP2 「エフェクト」ブラウザの「レベル」>「Compressor」を複合クリップにドラッグして適用します。

「オーディオレーンを表示」/「オーディオレーンを隠す」　　「Compressor」を複合クリップにドラッグ

デフォルト（初期設定）の設定のままでもクリップの音圧が上がります。こちらが「Compressor」の設定前です。全体的におとなしめの波形です。

全体的におとなしめの波形

こちらが「Compressor」を設定したあとです。全体の音のレベルが上がっているのがわかります。

全体の音のレベルが上がった

手動で音圧を上げる

「Compressor」の設定画面で音圧を上げる手順を説明しましょう。

 「オーディオ」インスペクタを開いて、「Compressor」の「エフェクトエディタ」 をクリックします。

「エフェクトエディタ」をクリック

「Compressor」のインターフェイスが表示されます。「Compressor」では音圧を上げるために、音量の大きな部分を圧縮し、音の小さな部分の音量を上げるという工程をとります。

301

STEP2 ここでは主に「THRESHOLD」「RATIO」「MAKE UP」の3つのダイヤルと「AUTO GAIN」を用います。

「THRESHOLD」は音量を圧縮する範囲を決めます。ダイヤルの値より上の音量が圧縮する範囲になります。デフォルトでは「-20」に設定されています。この設定では「-20」より大きな音が圧縮されることになります。

「RATIO」は音の圧縮率を決めます。最も小さい「1」だと圧縮なし、「2」で1:2の圧縮率になります。デフォルトでは「2」に設定されています。

「MAKE UP」は「GAIN」と同じ機能で全体の音量調節になります。数値を上げると音量が上がります。

「AUTO GAIN」は自動的に音量を上げる機能です。「0 db」がオンの状態では自動的に全体の音量のピークを「0 db」まで上げます。

「Compressor」はクリップの波形を見てみると、機能がよくわかります。各値がデフォルトの状態で「AUTO GAIN」を「OFF」にすると、クリップの波形が下がるのがわかります。「THRESHOLD」の初期値「-20」から上の音量が、「RATIO」の初期値「2」によって1:2に圧縮されているためです。

「AUTO GAIN」を「OFF」にするとレベルが下がる

「THRESHOLD」を「-30」、「RATIO」を「3」にしてみましょう（機能上、設定値は2.9または3.1になります）。

「AUTO GAIN」:「OFF」

-30　　3
「THRESHOLD」「RATIO」

クリップの波形がさらに小さく表示されます。圧縮する範囲が広くなり、圧縮率が高くなったためです。

圧縮率が上がりレベルがさらに下がる

ここで「MAKE UP」の値を上げるとクリップ全体の音量を上げることができます。また、「AUTO GAIN」を「0 db」にすると、クリップ全体の音量が「0 db」まで上がります。再生して聴いてみると、音の大小の差が縮まり、音圧が上がったことがわかります。

「AUTO GAIN」を「0 db」にすると
音量が上がり、全体の音圧が上がる

このようにして「Compressor」を使って音を圧縮し、音の圧力＝音圧を上げることができます。音圧を上げると音の大小の差が緩和され、音量が小さくても聴き取りやすくなります。
一方で、音圧を上げすぎると、常に音がしているためにうるさく感じ、耳が疲れてしまう原因になります。聴きやすいサウンドにまとめるように心がけましょう。

3 ラウドネス値を調整する

ラウドネス値とは、TV放送などで音がどれくらい騒々しいか、という基準を測るために決められた測定値です。音量がピークの制限値を超えていなくても、連続して大きな音が鳴っていると視聴者は「うるさい」と感じるものです。そこでラウドネス値という基準が作られました。素材の音圧が高いと、ラウドネス値も高めになる傾向があります。
TV放送では基準となるラウドネス値が決められています。また、YouTubeなどではラウドネス値が大きすぎると自動的に制限のエフェクトがかかるとされています。
Final Cut Pro Xでは、「MultiMeter」エフェクトで音のレベルだけでなく、ラウドネス値も確認できます。

「MultiMeter」でラウドネス値を測定する

「Compressor」で音圧を調整したクリップに「MultiMeter」を設定します。

STEP1　「エフェクト」ブラウザから「特殊」＞「MultiMeter」をクリップにドラッグします。

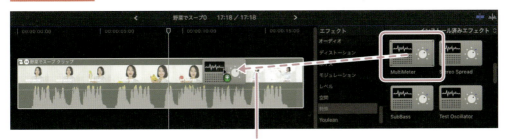

「MultiMeter」を複合クリップにドラッグ

303

STEP2 「MultiMeter」がクリップに設定されます。インスペクタで「MultiMeter」の「エフェクトエディタ」■をクリックします。

「MultiMeter」の「エフェクトエディタ」

「MultiMeter」のインターフェイスが表示されます。クリップを再生すると、波形と音量のレベルがリアルタイムで表示されます。ラウドネス値は「LUFS」メーターになります。

波形
レベルメーター
LUFSメーター

メーター上部の「LU-I」(Loudness Unit-Integrated)は、再生を開始してから終了するまでのラウドネス値、「LU-S」(Loudness Unit-Short Term)は再生中の最新3秒間のラウドネス値です。

「LU-I」
「LU-S」

TV番組などのラウドネス値を測定するには、最初から最後まで再生して「LU-I」を参照します。日本国内の基準は「-24LKFS」で±1LKFSと規定されています。

「LUFS」と「LKFS」は同じ値を示すので、「MultiMeter」の「LU-I」で「-24」の前後「1」未満に収めることになります。

YouTubeの基準は明確ではありませんが「-13LUFS」を超えると調整が入ると言われています。TV番組の基準に比べると、多少音量を大きめに設定していても問題はなさそうです。

「Compressor」で音圧と音量を調整する

「MultiMeter」はエフェクトの1つなので、クリップの「音量コントロール」を上下に動かしても測定値に反映されません。音圧や音量を調整したい場合は「Compressor」で調整します。
このとき、インスペクタでは、「Compressor」は「MultiMeter」より上に位置している必要があります。インスペクタで上にあるエフェクトが先に適用されるからです。

STEP1 「Compressor」で音圧を上げすぎた場合は「THRESHOLD」で範囲を決め、「RATIO」の値を下げて音圧を落とします。

STEP2 クリップ全体の音量を下げる場合は、「Compressor」右端の「OUTPUT GAIN」を下げて調整します。音量が下がると大きな音が減るのでラウドネス値も下がります。

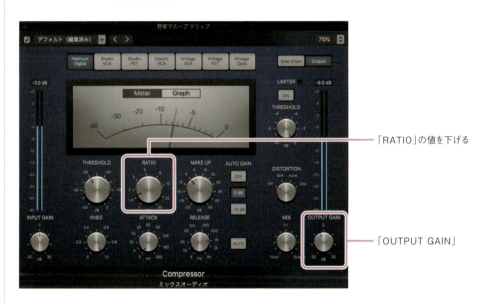

「RATIO」の値を下げる

「OUTPUT GAIN」

なお、クリップ全体の音量を調整するだけなら「Compressor」の代わりに「Gain」など操作が簡単なエフェクトを使ってもかまいません。

「GAIN」で音量調整

Column

サードパーティのラウドネスメーター
「YOULEAN LOUDNESS METER 2」

「YOULEAN LOUDNESS METER 2」はラウドネス値の測定専用のプラグインツールです。無料版は「MultiMeter」同様に再生して測定しますが、有料版では書き出したファイルを短時間で測定することができます。

https://youlean.co/youlean-loudness-meter/

4 | ロールごとにオーディオを書き出す

ナレーションの録音やミキシングは専用の録音スタジオで行いたいという人も多いでしょう。録音スタジオには専用の機材が用意され、専門のエンジニアとともに作品を仕上げることができます。この作業を「MA=Master Audio」と呼びます。スタジオには素材として映像とは別に、オーディオをロールごとに書き出して渡しておきます。

ガイドの映像を書き出す

はじめに、ミキシングのガイド用に映像のムービーファイルを書き出しておきます。ガイド用なので、解像度は低くても問題ありません。

STEP1 プロジェクトを右クリックし、表示されるメニューから「プロジェクトを共有」>「Apple デバイス 720p」を選択します。

306

STEP2 「設定」タブを表示し、以下のように設定します。設定後、「次へ」をクリックし、保存先を指定してムービーを書き出します。

「フォーマット」:「コンピュータ」
「ビデオコーデック」:「H.264（処理速度優先）」
「解像度」:「1280x720」（720p）または「1920x1080」（1080p）

> **Memo 書き出しのフォーマットについて**
>
> 「Apple デバイス」の書き出しでは「フォーマット」で拡張子の異なる3種類のムービーファイルを書き出せます。
>
> - 「Apple デバイス」:「m4v」形式のムービー
> - 「コンピュータ」:「mp4」形式のムービー
> - 「Webホスト」:「mov」形式のムービー
>
> コーデックはどれも「H.264」なので画質は変わりません（「m4v」形式は29.97pになります）。録音スタジオには、汎用性の高い「mp4」形式で書き出しておけばよいでしょう。

オーディオをロールで書き出す

ミキシング用のオーディオロールを書き出します。

「マスター（デフォルト）」を選択

STEP1 プロジェクトを右クリックし、「プロジェクトを共有」>「マスター（デフォルト）」を選択します。

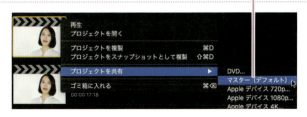

5-2 「マスタリング」で音を仕上げる

STEP2 「ロール」タブを表示します。「ロール」から「オーディオのみを個別のファイルにする」を選択します。

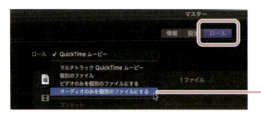

「オーディオのみを個別のファイルにする」を選択

STEP3 「オーディオ」で、ロールごとに「チャンネル」の設定をします。「モノラル」または「ステレオ」を選択します。ここではセリフのある「ダイアログ」ロールを「モノラル」にしています。設定後、「次へ」で保存先を指定してムービーを書き出します。

オーディオがロールごとにまとめられて、「wav」ファイルとして書き出されます。

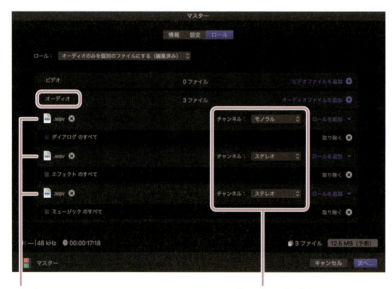

オーディオロール　　　　　　　　　　「チャンネル」を設定

STEP4 図のように、「mp4」形式の映像と「wav」形式のオーディオが書き出されました。

これらのオーディオのファイルは音声が一部のパートしかないロールでも、すべて同じ長さになっています。

「wav」形式のオーディオ
mp4形式の映像

映像とオーディオファイルを「ProTools」や「Logic」などのサウンド編集ソフトで読み込んで、ミキシングを行います。図は「GarageBand」でロールを読み込み、ナレーショントラックを加えているところです。読み込んだオーディオロールが個別のトラックとして表示されているのがわかりますね。

ミキシングしたオーディオは「WAV」ファイルで出力したサウンドファイルを、Final Cut Pro Xで読み込んで使います。

5-2 「マスタリング」で音を仕上げる

Column
ProToolsにAAFの形式でファイルを渡せる
「X2Pro Audio Convert」

Final Cut Pro Xから書き出した「XML」形式の編集データをAAF形式に変換することができるのが「X2Pro Audio Convert」です。

AAF形式のファイルはサウンド編集ソフトのProToolsで読み込むことができます。タイムラインが複雑な場合や、素材が多い場合はまとめて変換してスタジオに渡すことができるので便利です。また、音量などのパラメータも変換して読み込むことができます。

X2Pro Audio Convertは、App Storeで購入できますが、少々値段が張るので、スタジオとのやりとりが多い業務向けのツールと言えます。

Chapter
ハードウェアを
使いこなす 6

Final Cut Pro XはMacBook Proのようなノート型Macでも
十分使える柔軟な機能性を備えていますが、
周辺機器を増設することによって、
持てる力をさらに引き出して活用することができます。
本章ではMacBook Proへの取りつけを例に
Final Cut Pro Xで使える周辺機器の一部を紹介します。

Chapter 6 ハードウェアを使いこなす

6-1 ストレージを増設して容量不足を解消する

Final Cut Pro Xに限らず映像編集では、撮影した素材に加えてレンダリングで生成したファイルが常にディスクに溜まっていくので、容量不足に対処するためのストレージの増設は必須といえます。ここではストレージの増設に必要な知識と具体的な増設の方法について説明します。

1 | HDD/SSDケースを使う

最も簡単なストレージの増設方法は、USB3.0接続のHDD/SSDケースを使うことです。2.5インチ型のケースなら、電源をMacBook本体から供給できるので便利です。

HDD/SSDケースを接続する

STEP1 ハードディスクまたはSSDをケースに収めてMacに接続します。

ハードディスクよりSSDのほうが転送速度が速いため、効率よく編集作業を行えます。一方で、大容量を確保するにはハードディスクのほうが経済的に優れています。簡単なHD編集ならハードディスク、色補正や複雑な編集を行うならSSDと使い分けをするようにしましょう。

2.5インチSSD　ディスク用ケース

STEP2 HDD/SSDケースをMacに接続します。

Mac本体の接続端子（USB-AまたはUSB-C）にあわせて接続ケーブルを用意します。接続したら、ディスクのフォーマット（初期化）を行います。フォーマットの方法についてはP.20「ディスクのフォーマット（初期化）」を参照してください。

USB-AまたはUSB-C

2 RAIDストレージを使う

映像の解像度が上がると、必然的にファイルの容量が大きくなります。4K以上の映像を編集するなら、ThunderBolt接続のRAIDストレージを使うことで容量と転送速度の両方を確保することができます。

RAIDストレージを接続する

RAIDストレージをMacに接続します。ここではAKITIO社の「Thunder3 RAID Station」を使います。「Thunder3 RAID Station」は2台のHDD/SSDを収めることができるThunderBolt3接続のRAIDストレージです。

本体正面にはSDカードのスロットがあります。

↑AKITIO社のRAIDストレージ「Thunder3 RAID Station」

STEP1　カバーを外して、ハードディスクまたはSSDを取りつけます。3.5インチのHDD用のサイズなので2.5インチのSSDではかなり隙間が空きます。

本体には2台のディスクを収められます。RAIDを組む場合は同じ種別と容量のディスクを用意します。

2.5インチSSD / カバーを外してディスクを装着

STEP2　ディスクを取りつけたらカバーを閉じます。背面にはThunderBolt3のほかに、USB3.1、有線LAN、DisplayPortの端子があります。

STEP3　RAIDの設定は右下のダイヤルを回転させて行います。映像編集の際には耐障害性より転送速度を優先するため、「RAID0」のストライピング設定にします。

ThunderBolt3端子

RAIDの設定ダイヤル

「RAID0」でストレージを使用する場合は「キャッシュ」、つまりレンダリングファイルの保存場所として使用することを推奨します。万一、ディスクにエラーが起きても、再度レンダリングするだけでよいので安心です。ストレージの設定方法についてはP.43「キャッシュ専用のストレージを活用する」を参照してください。

6-2 eGPUでグラフィック処理を向上させる

macOS High Sierra 10.13.4 以降を搭載したMacであれば、「eGPU」を使えます。eGPUとは、外づけの拡張ボックスにグラフィックカードを収め、カードの性能を使える機能です。Final Cut Pro XではeGPUの機能をレンダリングやエンコードに生かすことができます。

1 拡張ボックスにグラフィックカードを搭載する

Appleのサイトで推奨されているeGPUの拡張ボックス「Sonnet eGFX Breakaway Box 550」を例に、グラフィックカードの挿入、マックとの接続、Final Cut Pro Xでの使い方などを説明します。

STEP1 グラフィックカード（ここではSAPPHIRE製の「AMD Radeon RX 580」）を用意します。

RadeonのVegaシリーズなど、より高性能なグラフィックカードを使うこともできます。その際には電源の容量を超えないように気をつけましょう。

↑AMD Radeon RX 580

STEP2 拡張ボックスにグラフィックカードを取りつけます。グラフィックカードの接点が拡張ボックスの「PCI-Express」の溝に合うように気をつけて取りつけます。

拡張ボックスにグラフィックカードを取りつける

STEP3 拡張ボックスに付属している電源ケーブルとグラフィックカードの電源ソケットを接続します。

グラフィックカードの電源ソケットが8ピン仕様なので、変換ケーブル(デュアルミニ6ピンから8ピン)を用いています。このように、拡張ボックスとグラフィックカードの接続ケーブルはあらかじめ確認しておきましょう。

電源ケーブルを接続する
デュアルミニ6ピン　8ピン

STEP4 カバーをして、拡張ボックスとMacをThunderBolt3ケーブルで接続します。

ドライバはOSに付属しているので、電源を入れて接続すればMacでそのまま認識します。

電源を入れて接続すればMacで認識する

macOSのメニューバーに図のようなアイコンが表示されていれば「eGPU」が認識されています。アイコンをクリックして「eGPU」の接続を解除することができます。外に持ち歩くMacBookProなどでは、接続を解除してから取り外すようにしましょう。

「eGPU」のアイコン

2 | Final Cut Pro Xで「eGPU」の機能を使う

6-2 eGPUでグラフィック処理を向上させる

Final Cut Pro Xでは「環境設定」で「eGPU」の機能を設定できます。

STEP1　「Final Cut Pro」メニューから「環境設定」を選択し、「再生」タブを開きます。

STEP2　「GPUをレンダリング／共有」の項目で「AMD Radeon RX 580 - 外付け」を選択します。

STEP3　アクティビティモニタを使うと「eGPU」の使用率を確認できます。

アクティビティモニタは「アプリケーション」の「ユーティリティ」に収められています。

STEP4　アクティビティモニタをダブルクリックし、「ウインドウ」メニューの「GPUの履歴」を選択します。

グラフィックカードの使用率がグラフで表示されます。

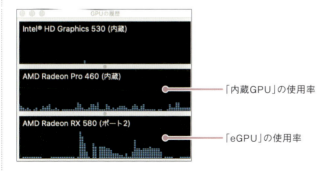

317

6-3 外部モニター、スピーカー用に入出力インターフェイスを使う

編集内容を業務用のビデオモニターやスピーカーシステムに出力しながら編集するには、専用のインターフェイス端末を用います。AJA社の「Io」シリーズや、Blackmagic Design社の「UltraStudio」シリーズなどが知られています。

1 | インターフェイス端末をMacに接続する

ここでは「UltraStudio 4K Mini」を例に説明します。同製品はThunderBolt3に対応し、4Kまでの映像入出力に対応したインターフェイス端末です。前面にはマイク入力用のXLR端子もあり、オーディオインターフェイスとしても使用できる同社らしいユニークな製品です。

STEP1　はじめに「Blackmagic Desktop Video」を同社のサイト(https://www.blackmagicdesign.com/jp/support/)からダウンロードしてMacにインストールしておきます。

バージョンアップは頻繁に行われているので、最新版を確認して使うようにしましょう。

STEP2　インストール後にMacの「システム環境設定」を開くと「Blackmagic Desktop Video」があることがわかります。

Macの「システム環境設定」に表示される

STEP3 「UltraStudio 4K Mini」をMacにThunderBolt3ケーブルで接続し、電源ケーブルを接続しておきます。

なお、製品にはケーブルが同梱されていないので、あらかじめ用意しておきます。

電源ケーブル　　ThunderBolt3ケーブル

STEP4 「システム環境設定」の「Blackmagic Desktop Video」をダブルクリックして開きます。

セットアップ画面で「UltraStudio 4K Mini」が表示されれば、機器を認識しています。

STEP5 中央のアイコンをクリックして設定を行います。

クリックして設定画面へ

STEP6　設定画面では「Video Output」の「Final Cut Pro X」の設定項目で出力を設定します。

Final Cut Pro Xの編集設定と表示するモニターに合わせて選択します。

- 「Video standard」:サイズとフレームレートを選択します。
- 「Pixel format」:カラーサンプリングとビット深度を選択します。
- 「Color gamut」:通常の色域と広色域から選択します。

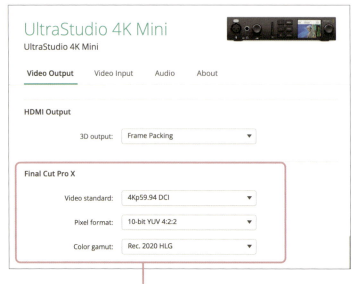

「Final Cut Pro X」の設定項目

2 | Final Cut Pro Xで映像出力の設定を行う

Final Cut Pro Xで「A/V出力」の設定を行います。

STEP1　「Final Cut Pro」メニューから「環境設定」を選択し、「再生」タブを表示します。「A/V出力」の項目で「UltraStudio 4K Mini」を選択します。

| STEP2 | 「ウインドウ」メニューから「A/V出力」を選択します。 |

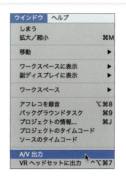

「UltraStudio 4K Mini」にFinal Cut Pro Xの編集内容が内蔵モニターに出力されます。「UltraStudio 4K Mini」の背面端子から外部のモニターにSDIまたはHDMIで接続することで、高い精度のモニタリング環境を構築できます。

内蔵モニターに編集内容が出力される

Column
映像のキャプチャーを行う場合

入出力インターフェイスはその名の通り、入力用途でも使用できます。「UltraStudio 4K Mini」でビデオやゲーム画面などの録画を行う場合は、「Blackmagic Desktop Video」と同時にインストールされる「Media Express」を用いて映像と音声をキャプチャーします。

↑「Media Express」でのキャプチャー画面

Chapter

Final Cut Pro Xの
環境設定とプロジェクト設定

7

Final Cut Pro Xは誰でもすぐに使えるように、
難しい設定はしなくても使えるように設計されています。
手軽に使える一方で、「環境設定」や「プロジェクト」の設定を
自己の環境に合わせて使い勝手をさらに向上させていくこともできます。
設定項目を理解して、最適な環境で操作できるように
Final Cut Pro Xをカスタマイズしていきましょう。
本章ではFinal Cut Pro Xの設定について解説します。

7-1 Final Cut Pro Xの「環境設定」

Final Cut Pro Xの初期設定は、「Final Cut Pro」メニューの「環境設定」で設定できます。「環境設定」には「一般」「編集」「再生」「読み込み」「出力先」の5つのタブがあり、詳細に初期値を設定していくことができます。

1 「一般」

編集作業の全般に関わる項目について設定します。

↑「環境設定」の「一般」タブ

「時間表示」

ブラウザ、タイムライン、ビューアにおける時間の表示方法を選択します。

「HH:MM:SS:FF」
「時:分:秒:フレーム」で表示します。一般的な「タイムコード」を表示する際にはこの項目を選択します。

「HH:MM:SS:FF+サブフレーム」
「時:分:秒:フレーム+サブフレーム」で表示します。

サブフレームは、主にオーディオ編集の際にビデオフレームより短い時間を編集する際に用います。1サブフレームの継続時間はビデオフレームの1/80です。「Option」+「←」または「→」キーで1サブフレームずつ移動できます。

「フレーム」
クリップまたはタイムラインの先頭からのフレーム数を表示します。CG素材などを編集する際にはフレーム数で編集すると指示を明確にできます。

「秒」
クリップまたはタイムラインの先頭からの秒数を表示します。

「ダイアログの警告」

「すべてをリセット」をクリックすると、非表示に設定にしたメッセージを表示します。

「Audio Units」

サードパーティのAudio Units(AU)エフェクトで問題が生じた場合に、再起動後に検証を行います。

「色補正」

初期設定での色補正ツールを選択します。
「カラーボード」「カラーホイール」「カラーカーブ」「ヒュー／サチュレーションカーブ」から選択します。

「インスペクタの単位」

「変形」「クロップ」「歪み」など、インスペクタにおけるパラメータの表示単位を「ピクセル」か「パーセント」どちらにするかを選択します。

↑「パーセント」表示の「クロップ」

↑「ピクセル」表示の「クロップ」

2 「編集」

「編集」にはタイムラインでの操作に関係する項目についての設定がまとめられています。

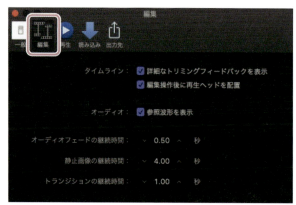

↑「環境設定」の「編集」タブ

「タイムライン」

「詳細なトリミングフィードバックを表示」

チェックを入れると、クリップ同士のトリム編集の際に、ビューアに先行するカットの最後のフレームと後続のカットの最初のフレームを同時に表示します。

先行するカットの最後のフレーム　　　　後続のカットの最初のフレーム

「編集操作後に再生ヘッドを配置」

「接続」「挿入」「追加」「上書き」ボタンでクリップをタイムラインに配置した際に、配置したクリップの末尾に再生ヘッドを自動的に移動します。

「オーディオ」

「参照波形を表示」

チェックを入れると、オーディオ波形のイメージを拡大して現在のオーディオ波形に薄く重ねて表示します。音量を下げても音の波形を確認できます。

参照波形

「オーディオフェードの継続時間」

クリップを選択し、「変更」メニューの「音量を調節」＞「フェードを適用」でクリップの両端にフェードを設定したときの長さを設定します。

「オーディオフェード」

「静止画像の継続時間」

写真やイラストなどを読み込んだ際に自動的に設定されるクリップの長さを設定します。テキストやジェネレータで生成されるクリップの長さもここで設定します。

「トランジションの継続時間」

クリップにトランジションを適用した際の初期設定での長さを設定します。

3 「再生」

「再生」にはクリップのプレビューに関連する設定項目が主に収められています。

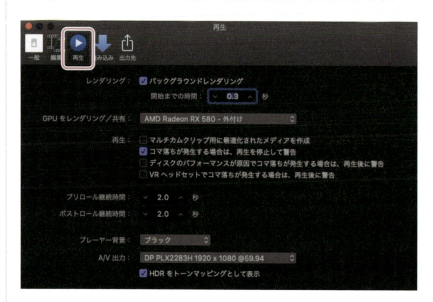

「レンダリング」

「バックグラウンドレンダリング」

チェックを入れておくと、編集作業の合間にタイムラインのレンダリングを実行します。チェックを外した場合は、「変更」メニューの「すべてレンダリング」または「選択部分をレンダリング」でレンダリングを実行します。

- 「開始までの時間」

バックグラウンドレンダリングを開始するまでの時間を設定します。時間を短く設定すると、手を離すとすぐにレンダリング処理を実行します。自動的にレンダリングをするので便利ですが、不要なレンダリングファイルを増やすことにもなります。レンダリングファイルが増えたら、「ファイル」メニューの「生成されたプロジェクトファイルを削除」でクリーンアップしておきましょう。

「GPUをレンダリング／共有」

グラフィックカードを複数、搭載しているMacの場合は、ポップアップメニューからレンダリングやエンコードに用いるメインのGPUを選択できます。

「再生」

「マルチカムクリップ用に最適化されたメディアを作成」
チェックを入れておくと、マルチカム編集を行う場合に、メディアをApple ProRes 422形式に変換します。MP4（H.264）ベースの素材の場合は変換したほうが再生パフォーマンスが上がる場合があります。

「コマ落ちが発生する場合は、再生を停止して警告」
チェックを入れると、プレビュー時にコマ落ちがあった場合に警告メッセージが表示されます。コマ落ちしてもリアルタイムでプレビューしたい場合はチェックを外しておきます。

「ディスクのパフォーマンスが原因でコマ落ちが発生する場合は、再生後に警告」
チェックを入れると、ディスク速度に起因してコマ落ちした場合に警告メッセージが表示されます。

「VRヘッドセットでコマ落ちが発生する場合は、再生後に警告」
チェックを入れると、VRヘッドセットを使用中にコマ落ちした場合に警告メッセージが表示されます。

「プリロール継続時間」

「表示」メニューの「再生」＞「周囲を再生」を選択したときに、再生ヘッドの何秒前から再生するかを設定します。

「ポストロール継続時間」

「表示」メニューの「再生」＞「周囲を再生」を選択したときに、再生ヘッドの何秒後まで再生するかを設定します。

「プレーヤー背景」

クリップを縮小やトリムで切り取ったときの背景色をポップアップメニューから選択します。この設定はプレビュー時のみ有効で、レンダリングすると背景は黒になります。

プレーヤー背景を「チェッカーボード」に設定

「A/V出力」

モニターに出力するための専用のビデオインターフェイスを接続している場合に、ポップアップメニューから出力先を選択することができます。「A/V出力」を選択したうえで、「ウインドウ」メニューの「A/V出力」を選択してチェックを入れると映像が出力されます。

「HDRをトーンマッピングとして表示」

チェックを入れていると、HDRプロジェクトをプレビューする際に「REC.709」に変換されて出力されます。使用しているインターフェイスやモニターがHDRに対応していない場合にチェックを入れます。

4 「読み込み」

映像や音声ファイルを読み込む際の設定項目です。「メディアの読み込み」ウインドウの「読み込み」設定項目と連動しています。

「ファイル」

「ライブラリストレージの場所にコピー」

素材を読み込む際にライブラリ内にコピーします。オリジナルのメディアファイルがなくなってもライブラリ内のファイルを使用して編集できます。

「ファイルをそのままにする」

素材をライブラリ内にコピーせず、元のメディアファイルにリンクします。オリジナルのメディアファイルがなくなると編集できなくなります。

「キーワード」から下の項目は、読み込み時に自動的に実行する作業（バックグラウンドタスク）を指定しておくものです。チェック項目が多くなるとバックグラウンドで処理する時間が長くなります。各設定項目は読み込み後に改めて実行することもできます。

「キーワード」

「Finderタグから」

Finder上でファイルにつけたタグ（青や赤の印）を元にキーワードを設定します。

「フォルダから」

メディアをフォルダごと読み込んだ場合に、フォルダ名を元にキーワードを設定します。

「オーディオロール」

「ロールを割り当てる」

クリップの中のオーディオに対して、ポップアップメニューから「自動」「ダイアログ」「エフェクト」「ミュージック」のいずれかをロールに割り当てます。通常は「自動」にしておきます。なお、ロールの割り当てはあとから変更できます。

- **「iXMLトラック名がある場合は割り当てる」**

読み込むクリップにiXMLで仕分けがされている場合はロールを割り当てます。たとえば、録音スタジオで音源にトラック名を割り当てておくことで、Final Cut Pro Xでロール分けすることができます。

「トランスコード」

「最適化されたメディアを作成」

読み込んだ素材を編集に適した「Apple ProRes 422」形式に自動的に変換します。

「プロキシメディアを作成」

少し画質は落ちますが、容量を抑えた「Apple ProRes 422（プロキシ）」形式に自動的に変換します。

「解析と修復」

「ビデオのバランスカラーを解析」

クリップに「バランスカラー」を実行するための計算をしておきます。

「人物を探す」
顔認識技術を用いて、人物が登場しているクリップをまとめるための計算をしておきます。

・「人物の検索結果をまとめる」
人物の数やレイアウトをインデックスごとに整理してまとめます。

・「解析後にスマートコレクションを作成」
項目にチェックを入れておくと、「人物を探す」の解析後にスマートコレクションを作成します。解析後にスマートコレクションが作成されると、図のようにクリップが整理され、インデックスが表示されます。

「オーディオの問題を解析して修復」
音声のノイズなどを修復したいときにチェックを入れておきます。

・「モノラルとグループ・ステレオ・オーディオを分離」
2チャンネルに同じ音が収録されているモノラル、別の音が収録されているデュアルモノ、音楽などのステレオ、というように素材を分ける作業を行います。

「無音のチャンネルを取り除く」
サラウンド素材などで、音声が収録されていないチャンネルがある場合にクリップから削除します。

> **Memo 読み込み後にクリップの「トランスコード」と「解析と修復」を実行する**
>
> ブラウザ内でクリップを右クリックし、メニューから「メディアのトランスコード」または「解析と修復」を選択します。
>
>

5 「出力先」

「出力先」では、「マスター」や「Apple デバイス」など、Final Cut Pro Xから出力されるムービーファイルについてエンコードの初期設定を行います。各項目は「プロジェクトを共有」でムービーを書き出す際にも変更できます。

「出力先」の項目は、Final Cut Pro Xのウインドウ右上にある「共有」ボタンをクリックして表示される「出力先」に表示されます。また、ブラウザでプロジェクトを右クリックして表示されるメニューの「プロジェクトを共有」にも表示されます。

↑Final Cut Pro Xのウインドウ右上

↑ブラウザ

「出力先」の主な項目の設定

「マスター（デフォルト）」

「マスター（デフォルト）」では、マスタームービーを出力する設定を行います。「ビデオコーデック」は「Apple ProRes 422」など高品質の「MOV」ファイルを書き出す設定を行います。

「Apple デバイス 720p」「Apple デバイス 1080p」「Apple デバイス 4K」

「Apple デバイス」の各項目は、初期設定が異なるだけで設定する項目は「マスター」と同じです。設定値を変えることで、エンコードのサイズとフォーマットを変えることができます。

「フォーマット」で選択した項目に従って、それぞれに対応した拡張子でムービーが書き出されます。

フォーマットの拡張子
「Apple デバイス」：「.m4v」
「コンピュータ」：「.mp4」
「Webホスト」：「.mov」

「YouTube」

「YouTube」にアップロードする際に使用する設定です。「プライバシー」の項目は「YouTube」にアップロード後でも「YouTube」のサイトで変更できます。「非公開」または「限定公開」でアップロードし、確認してから「公開」設定に変更してもよいでしょう。

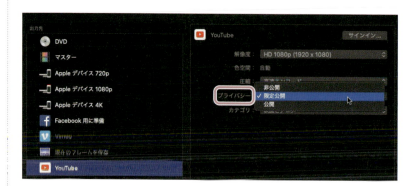

「出力先を追加」

「出力先」に追加する項目を右ウインドウから選び、「出力先」の枠内にドラッグするか、追加項目をダブルクリックします。

「現在のフレームを保存」

タイムラインで再生ヘッドのある位置のフレームを静止画像として書き出します。「書き出し」はプレビュー用途なら「JPEGイメージ」、書き出したファイルをタイムラインで使うなら「PNGイメージ」を選択します。

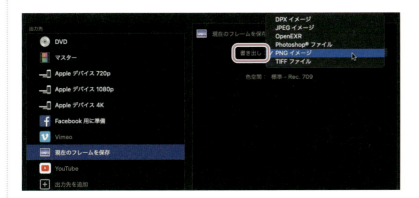

「Compressor設定」

「Compressor」がインストールされているMacでは、「Compressor設定」の設定に従って、Final Cut Pro Xのプロジェクトから直接「Compressor」のエンコード設定を用いてムービーを書き出せます。
「Apple デバイス 4K（HEVC 8 ビット）」では最新のHEVCコーデックを使ったムービーを出力できます。

6 | プロジェクトを書き出す

「プロジェクトを共有」でムービーを出力してみます。

STEP1 ブラウザでプロジェクトを右クリックし、表示されるメニューの「プロジェクトを共有」で出力先を選択します。

STEP2 出力設定ダイアログの「設定」タブを表示します。左側のサムネールをドラッグすると内容を確認できます。

STEP3 書き出すムービーの設定が、「環境設定」の「出力先」で設定した内容と同じでよければ、そのまま「次へ」で保存先を指定してムービーを出力します。

サムネールをドラッグして内容を確認

STEP4 「バックグラウンドタスク」ボタンをクリックして開くと、「共有」の進行状況がわかります。

「共有」の進行状況

STEP5 ムービーが出力されると「共有は正常に完了しました。」とメッセージが表示されます。「表示」をクリックすると、出力されたムービーファイルをFinder上で確認できます。

7-2 プロジェクトの設定から学ぶ映像フォーマット

Final Cut Pro Xでは、プロジェクト作成時の設定ダイアログを「自動設定を使用」にしておくと、タイムラインに最初に読み込んだクリップの設定が自動的にプロジェクトに適用されるので、すぐに編集できるようになります。映像のフォーマットについては詳しく知らなくてもよいのです。しかし、自動設定は便利な反面、設定が適切でないと映像の品質が落ちてしまうことがあります。また、さまざまなフォーマットの素材を1つのプロジェクトで使う際にはカスタムでの設定が必要です。ここでは、映像のフォーマットについて、プロジェクトの設定項目に従って説明します。一度理解してしまえば、難しくはない、はず！

1 「プロジェクト名」と「イベント」

「ファイル」メニューの「新規」>「プロジェクト」を選択すると、プロジェクトの設定ダイアログが表示されます。最初に表示されるのは「自動設定」の画面です。「自動設定」では、タイムラインに追加した最初のクリップの設定がプロジェクトの設定になります。

手動でフォーマットを設定するには、「カスタム設定を使用」をクリックします。「カスタム設定」では編集する動画のフォーマットを決めておくことができます。なお、左下の「自動設定を使用」をクリックすると「自動設定」画面に戻ります。

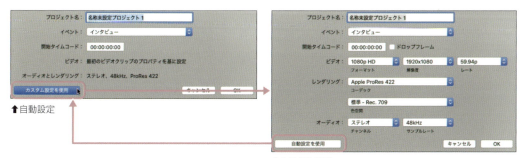

↑自動設定

↑カスタム設定

「プロジェクト名」を入力してプロジェクトを作成します。プロジェクトは「イベント」で選択したイベント内に作成されます。プロジェクトは1つのイベント内にいくつも作成できますが、同じ名称のプロジェクトを複数作成することはできません。なお、プロジェクトとイベントの名称はあとからブラウザ内で変更できます。

プロジェクトを作成する「イベント」

2 「開始タイムコード」

「開始タイムコード」はプロジェクトの最初のタイムコードを指定する項目です。通常は特に設定しなくても編集を始められます。

「タイムコード」とは映像を構成する1枚ごとの画像＝フレームに割り当てられた通し番号です。「タイム」と名称にあるように「時:分:秒:フレーム数」で表示されます。プロジェクトの開始タイムコードは初期設定では「00:00:00:00」です。

編集中にビューアのタイムコード表示を見ると、いま、どのフレームを再生しているかがわかります。タイムコードは「23:59:59:59」を超えると「00:00:00:00」に戻ります（フレームレートが「60p」の場合）。

↑タイムコードの設定　　　　　　　　　　↑ビューアのタイムコード表示

「タイムコード」の1秒目は「00:00:01:00」ではない

「タイムコード」についてもう少し詳しく説明しましょう。

「開始タイムコード」が「00:00:00:00」のプロジェクトで編集すると、1秒目、つまり60フレーム目のタイムコードは「00:00:00:59」になります（フレームレートが「60p」の場合）。「00:00:01:00」ではありません。タイムコードの表示が「00:00:01:00」となるフレームは61フレーム目、つまり「1秒+1フレーム目」なのです。たとえば10秒で終わる動画を作るときはタイムコードの表示で「00:00:09:59」を最終フレームにします。

再生ヘッドを最終フレームの位置に合わせると、ビューアに最終フレームのマークが表示されます。

Final Cut Pro Xでは、再生ヘッドをクリップの端に置くと、わかりやすいように最終フレームを表示します。このとき「ビューア」にはギザギザのマークが表示されますが、これは再生ヘッドはクリップの端にある、という意味です。繰り返しますが、10秒のクリップの最終フレームのタイムコードは「00:00:09:59」であって「00:00:10:00」ではないので注意してください。

開始タイムコードを設定するのはどんな場合？

「開始タイムコード」はどのような場合に設定するのでしょうか。たとえば、次のようなケースがあります。放送番組では「01:00:00:00」をコンテンツの最初のタイムコードとする、と指定されていることがあります。このとき、作品の前にカラーバーやクレジット（タイトルや制作月日などの表記、CMならCMコード表記）を表示する必要が出てきます。そこで、プロジェクトの開始タイムコードを「00:59:00:00」と設定します。「00:59:00:00」から「01:00:00:00」までの1分間ほどにカラーバーやクレジットを表示するわけです。次の図は30秒CMの納品用タイムラインのサンプルです。

このサンプルは

　　黒（15秒）➡ カラーバー（30秒）➡ クレジット（12秒）➡ 捨てカット（3秒）➡ CM本編（30秒）
　➡ 捨てカット（3秒）➡ 黒

というように並んでいます。「捨てカット」とは業界用語で、作品の前後に余り尺または静止画像を表示しておくものです。「CM本編」は「01:00:00:00」でスタートしますが、プロジェクトの「開始タイムコード」は「00:59:00:00」です。

「ドロップフレーム」

プロジェクトの作成時に「ビデオ」の「レート」の項目で「29.97i」「29.97p」「59.94p」のいずれかを選ぶと「ドロップフレーム」のチェックボックスが表示されます。チェックを入れるとプロジェクトのタイムコードは「ドロップフレーム」の規則に沿って割り振られます。

ドロップフレームでは、一定の間隔でタイムコードに欠番（=ドロップフレーム）が生じます。これは現実の時間と動画の時間とを合わせるためのものです。欠番が生じても記録されたフレームが失われるわけではないので、安心してください。

ドロップフレームは日本やアメリカなどで使われている

ドロップフレームはアナログのカラーテレビ放送の方式として「NTSC方式」を採用した国に存在します。NTSC方式はアメリカで開発された方式で、アメリカのほかに日本、韓国、台湾、カナダなどで採用されています。NTSC方式ではフレームレートは「29.97」です。つまり1秒間に29.97枚の画像で映像が構成されているのです。

すると「1秒間の終わりでフレームの端が切れてしまうの？」と思われるかもしれません。

もちろん、そんなことはありません。30枚の絵を表示するには1秒間では足りずに0.03フレーム分（0.001秒）余計にかかってしまう、ということなのです。

つまり1.001秒を使って30枚の画像を表示するというわけです。

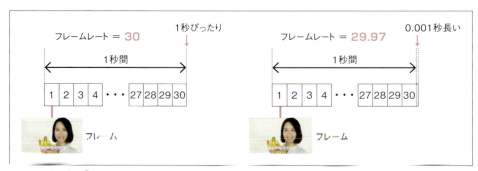

↑ フレームレートの「30」と「29.97」の違い

ややこしいのは、フレームレートが「29.97」であってもタイムコード上は30フレーム＝1秒と表示されるのです。表示上は1秒だけれども、実際の再生時間は現実の時間より0.001秒ほど長いのです。このわずかなずれを補正するためにドロップフレームという手法が生まれました。

ちなみに欧州など世界の他の国では「PAL」や「SECAM」という方式が採用されています。こちらはフレームレートが「25」なのでドロップフレームは必要ありません。

現実の時間とタイムコード表示を補正するドロップフレーム

ドロップフレームは現実の時間とNTSC方式でのタイムコード表示のずれを補正するためのものです。では、どのようにして補正をしているのでしょうか？

まず、どの程度ずれていくのか、計算してみましょう。「29.97p」で記録した映像にタイムコードを「ドロップ」しないで、順番に割り振っていくとします（これを「ノンドロップフレーム」といいます）。すると1秒間で0.03フレームずれるわけですから、

> 1分間で0.03×60＝1.8フレーム ➡ 10分で18フレーム ➡ 1時間で108フレーム

というようにずれていきます。108フレームは約3.6秒になります。

「なんだ、1時間で3.6秒ならたいしたことないな」と思われるかもしれません。確かにCMなどでは、あまり気にしなくてもよいでしょう。しかし、放送局にとっては大きな問題です。放送枠が1時間なら、その中にきちんと番組が収まってもらわないと困ってしまいます。

そこで、ドロップフレームの登場です。ドロップフレームでは10分で18フレームのずれを解消します。ドロップフレームに設定したプロジェクトでは、1分ごとに2フレーム分を欠番にしてタイムコードを割り振ります。具体的には末尾の「00」と「01」フレームをドロップして（抜かして）フレームを割り振ります。「29」フレームの次のフレームが「02」フレームになるわけです。また、10分ごとに2フレーム分を欠番にするのをやめます。9分×2フレーム＝18フレームになり、これで10分で18フレームのずれが解消できるのです。

「00:04:59;29」の次のフレームは「00:05:00;02」になる

⬆ドロップフレームの表示例（ドロップフレームではフレーム前は「;」で表示する）

放送番組のディレクターは10分の番組でも30分の番組でも60分の番組でも、ドロップフレームに設定したタイムコードで長さを合わせておけば、現実の時計にあった番組を制作することができるのです。

さて、ここまで長々とドロップフレームを説明してきたのには理由があります。現在、日本で市販されているビデオカメラの多くは「29.97」やその倍数の「59.94」が標準のフレームレートなのです。そしてタイムコードはドロップフレームで記録されていることが多いのです。

プロジェクトの作成時に「自動設定を使用」を選択してクリップを配置すると、素材に合わせてタイムコードはドロップフレームになります。秒数やフレーム数を決めて編集する場合にはタイムコードに欠番があることに注意しないと、思わぬ失敗をすることになります。

341

3 「ビデオ」

「ビデオ」の設定項目は「フォーマット」「解像度」「レート」の3つです。

「フォーマット」

編集する動画の「フォーマット」をプルダウンメニューから選択します。「フォーマット」を選択すると、それに対応した「解像度」と「レート」が表示されます。

↑「フォーマット」プルダウンメニュー

「1080p HD」
現在、最もスタンダードな形式です。一般家庭のTVやPCモニターが標準でサポートしている規格です。標準の表示サイズは「1920×1080」です。

「1080i HD」
「i」とはインターレース方式のことです。「1080p HD」に比べると動画の画質が低下します。インターレースについてはのちほど解説します。標準の表示サイズは「1920×1080」です。地上波デジタル放送が採用している規格です。

「720p HD」
フルHDまでの解像度が必要ない場合に用います。標準の表示サイズは「1280×720」です。iPhoneやiPadなど、携帯端末で視聴するなら容量が少なくて済むのでオススメです。

「NTSC SD」
DV形式のビデオなど、HD以前のスタンダード規格です。使用するピクセル数は「720×480」で「4:3」または「16:9」の比率にスケーリングして表示します。DVDも同じサイズです。

「PAL SD」
海外のPAL方式のSDメディアを編集する際に用います。

「2K」
デジタルシネマの規格です。「2048×1080」など横長のシネマサイズの編集に対応しているのが特徴です。

「4K」
これからのスタンダード規格です。放送用のUHDTVのサイズは「3840×2160」です。HDの4倍の面積で記録するため高画質ですが、編集に必要なディスク容量も増えます。

「5K」
映画やCMなど主に「4K」向けのコンテンツを撮影／編集するために使われます。

「8K」
次世代のTV／映画の規格です。8Kに対応した製品はまだ多くありません。

「360°」
リコーの「THETA」シリーズや「Insta360」など、360°撮影ができるカメラに対応した規格です。

「カスタム」
iPhoneで縦長のサイズで収録した素材を編集したり、スクエアサイズ（縦と横の比率が等倍）の映像を編集するなど、一般的ではないフォーマットで編集する場合に選択します。

任意の画面サイズを設定

Column
インターレースと
プログレッシブ

「インターレース」とは、1フレームに2枚分の画像を記録する方式のことです。「1080i HD」のように「i」の文字があるとインターレースの映像です。

「プログレッシブ」は一般的な動画の記録方法で、画像を1枚ずつ順番に記録します。「1080p HD」のように「p」の文字で表記します。

「インターレース」は白黒のテレビ放送の時代に生まれた古いフォーマットです。インターレースではテレビカメラは1秒間に60枚の画像を撮影します。ただし画像は本来の半分のサイズで、放送時に前後2枚の画像を重ねて1枚の画像として放送します。つまり撮影は60fpsですが、放送時に30fpsに変換したのです。

当時はデジタル方式ではないため、テレビの走査線の奇数ラインと偶数ラインとで画像を2つに分ける方法を取りました。放送を受信した家庭のテレビ受像機では、重なった画像を再び2枚に分け、ブラウン管に表示していたのです。

1枚目の画像（走査線の奇数ライン）

2枚目の画像（走査線の偶数ライン）

2つの画像を重ねて1フレームを作成

↑インターレースの考え方

1秒間に表示する画像を30枚に減らしたことで、電波の帯域とテレビ受像機の価格の両方を節約できたのです。おかげで、日本には多くの放送局が生まれたというわけです。

その後、カラー放送が開始された際に、フレームレートは技術的な理由で「30fps」から「29.97fps」に変更されました。一方で「インターレース」は引き継がれ、「1080i HD」として地上デジタル放送でも採用されたのです。

4K放送では「プログレッシブ」方式が採用され、半世紀以上続いた「インターレース」方式は引退となりました。

「解像度」

「フォーマット」に合わせて編集する解像度を選択します。解像度は「1920×1080」のように「横のピクセル数×縦のピクセル数」で表示します。

「HDサイズ」での留意点

「フォーマット」を「1080p HD」と「1080i HD」にした際に表示される「1440×1080」はテープ収録の「HDCAM」または「HDV」の記録サイズです。地上デジタルテレビ放送の放送時のサイズでもあります。同様に「1280×1080」は「DVCPRO HD」の記録サイズです。どちらも再生時には横方向を伸ばして「1920×1080」で表示されます。

「4Kサイズ」での留意点

4Kのサイズには主に放送用のUHDTV（解像度：3840×2160）と映画やドラマ用のDCI 4K（解像度：4096×2160など）があります。解像度だけではなく、縦と横の比率が異なりますので、編集時に間違えないように気をつけましょう。

「レート」（フレームレート）

「レート」（以下、フレームレート）は1秒あたりのフレーム（映像を構成する画像）の数です。フレームレートは値が高いほど、なめらかな動きを表現できます。

映画はフィルムの時代から「24p」が基本です。ドラマやプロモーションビデオでは映画らしさを表現するために「29.97p」や「30p」で撮影することもあります。アクションカムなどでは「60p」を超えた高フレームレートで記録できる機種もあります。

地上デジタル放送は「29.97i」、4K放送は「59.94p」で番組が制作されています。そこでビデオカメラの撮影フォーマットも「29.97i」や「59.94p」が基本になっています。編集の際には素材のフレームレートを考慮して、プロジェクトを設定するようにしましょう。

Column
フレームレートが混在していると何が起こるか？

異なるフレームレートの素材を扱う場合は注意が必要です。たとえば、複数の機材で撮影している現場で、ビデオカメラは29.97fps、iPhoneやアクションカムは30fpsで撮影していたとします。Final Cut Pro Xはプロジェクトのフレームレートに合わせてクリップのフレームレートを変更するので、プロジェクトのフレームレート設定が「29.97」の場合は、30fpsのムービーを29.97fpsとみなして扱います。

この場合、タイムラインのクリップを選択してインスペクタで確認すると「レート適合」の項目が追加され、薄い文字で「30を29.97に変換」と表示されます。

「変換」とありますが、実際には30fpsのクリップの各フレームをタイムラインの29.97fpsの各フレームに当てはめています。したがって、29.97fpsのクリップと合わせると同期がずれていきます。バンドの演奏などでは、曲の最初と最後とでタイミングのずれがわかるほどになるので注意が必要です。

Column 「Compressor」でフレームレートを変換する

別売ですが、Appleのソフト「Compressor」では、素材のフレームレートを変換できます。方法は以下の通りです。

STEP 1 Compressorのジョブに30fpsのムービーを追加し❶、左側パネルの「設定」から書き出すムービーの形式を選択します❷。

STEP 2 右側パネルの「一般」の「リタイミング」>「継続時間の設定」のプルダウンメニューから「29.97@30」を選択します❸。

STEP 3 「バッチを開始」ボタンでムービーが書き出されます❹。

このムービーは1000フレームごとに1フレームが余分に書き出されており、29.97fpsのクリップとタイミングが合います。

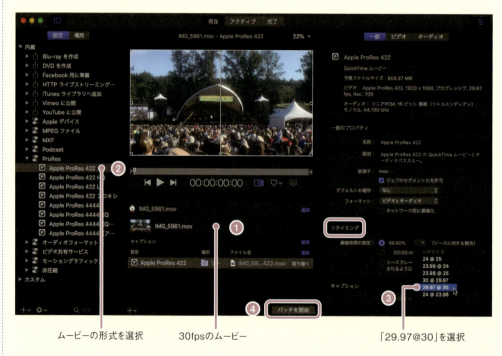

4 「レンダリング」

動画の編集では「レンダリング」(描画処理)が必須です。Final Cut Pro XではGPUを活用して精度の高いレンダリング処理を行うことができます。

「コーデック」(動画を符号化する規格)

コーデックの選択

Final Cut Pro Xは編集用のコーデックとして、Apple社が開発した「Apple ProRes」を用いています。レンダリングが不要な部分はオリジナルの動画を再生し、レンダリングが必要な部分は「Apple ProRes 422」でエンコードした動画を再生します。

一般的な編集ではコーデックとして「Apple ProRes 422」を用います。プレビュー用途で軽い処理で済ませたい場合は「Apple ProRes 422 LT」を、HDRなど色深度の高い素材を扱う場合は「Apple ProRes 422 HQ」やそれ以上のコーデックを選びます。

Appleがリリースした「Apple ProRes RAW」はカメラ用の収録フォーマットなのでFinal Cut Pro Xで読み込むことはできますが、編集用のコーデックとしては選択できません。

「色空間」

ライブラリのプロパティで色空間を「Wide Gamut HDR」に設定しておくことで、HDR(広色域)のクリップを編集できるようになります。プロジェクトの設定では、HDR以外の動画は「標準 - Rec.709」を選択します。HDR(広色域)のクリップの編集についてはP.269「4-2 HDR素材の取り扱い」を参照してください。HDRの編集は撮影素材に合わせて「Wide Gamut - Rec. 2020 PQ」または「HLG」を選択します。

色空間の選択

5 「オーディオ」

「オーディオ」の設定項目は「チャンネル」と「サンプルレート」の2つです。

「チャンネル」

「ステレオ」または「サラウンド」を選択します。「サラウンド」を選択すると、5.1chのサラウンド環境での編集ができます。

チャンネルの選択

サラウンドではビューア下にあるレベルメーターの表示が5.1chモードに変わります。レベルメーターをクリックするとタイムラインの右側にマルチチャンネルのレベルメーターが表示されます。

マルチチャンネルのレベルメーター

サラウンドを設定するには、クリップを選択し、「オーディオ」タブ🔊の「オーディオ補正」>「パン」>「モード」から「スペースを作成」を選択します。

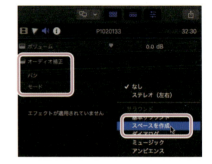

「サラウンドバナー」が表示されます。中央のコントロールを移動させることで「ステレオ」の音源を擬似的にサラウンドで聴かせることができます。

また、各チャンネルに対して、個別の音源を割り当てることもできます。映画館などで作品を上映する際には、サラウンド設定をしておくことで、館内に響く音響効果を作ることができます。

特に低音を出すために「LFEバランス」のスライダーを上げておくようにしましょう。

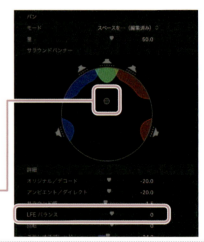

コントロール

「サンプルレート」

映像コンテンツの標準的なサンプルレートは「48kHz」です。CDのサンプルレートに合わせる場合は「44.1kHz」にします。PVなどでハイレゾ音源を使う場合は音源に合わせて「96kHz」以上のレートを選択します。

サンプルレート

いかがでしょうか？
設定が難しい項目もありますが、映像のフォーマットについて知っておくと、困った時に適切な判断ができるようになります。さまざまなフォーマットやサイズに対応したFinal Cut Pro Xで、これからも多くの作品を作ってください！

索 引 ・ I N D E X

数字

「2K」……… *342*
2つの画面を並べて表示 ……… *117*
「3Dコントロール」……… *226*
「3Dテキスト」……… *225*
3点編集 ……… *74*
4:2:2 ……… *275*
「4K」……… *342*
「5K」……… *343*
「8K」……… *343*
10ビット ……… *275*
44.1kHz ……… *348*
48kHz ……… *348*
「360°」……… *343*
「720p HD」……… *342*
「1080i HD」……… *342*
「1080p HD」……… *342*

A

「Aluminum Foil」……… *226*
APFS ……… *21*
「Apple ProRes」……… *347*
「Apple ProRes 422」……… *347*
「Apple ProRes 422 HQ」……… *347*
「Apple ProRes 422 LT」……… *347*
「Apple デバイス 4K」……… *334*
「Apple デバイス 720p」……… *334*
「Apple デバイス 1080p」……… *334*
「Audio Units」……… *325*
「AUTO GAIN」……… *302*
「A/V出力」……… *270, 320, 330*

B

「Background」……… *92*
「Buddy」……… *289*

C

「Channel EQ」……… *297*
「Compressor」……… *300*
「Compressor設定」……… *335*
「Compressor」でフレームレートを変換 ……… *346*

D

DR-10L ……… *283*

E

eGPU ……… *315*

F

Font Bookでフォントを管理 ……… *227*
「Framing」……… *92*

G

「Gender」……… *92*
「GPUの履歴」……… *317*
「GPUをレンダリング／共有」……… *317, 328*

H

HDD/SSDケース ……… *312*
HDR（High Dynamic Range）……… *269*
「HDR から Rec.709 SDR」……… *274*
「HDRツール」……… *274*
HDRの記録方式 ……… *270*
「HDRをトーンマッピングとして表示」……… *270, 271*
HLG ……… *270*

349

I

「InertiaCam」……171

「Interior」……92

「Invert Mask」……221

K

Keynote……228

L

Log撮影……248

「Loudness EQ」……299

Lower Third……212

「LU-I」……304

「LU-S」……304

LUT（Look Up Table）……248, 250

「LUT」ファイルのダウンロード……253

M

「MAKE UP」……302

Makeup Artist III……160

MA（Master Audio）……306

Motion……236

「MultiMeter」……303

N

「NTSC SD」……342

NTSC方式……340

P

PAL……341

「PAL SD」……342

「People」……92

Photoshop……176

P

PQ……270

Premium Simple Titles……212

R

RAIDストレージ……313

「RATIO」……302

Rec.709……269

Rec.2020……269

「RGBパレード」……257

RT Adjustment Layer……243

S

SECAM……341

「Sky」……92

「SmoothCam」……171

「Speaking Voice Improve」……298

T

「THRESHOLD」……302

「To Do」マーカー……71

V

「View Notes」……92

Vコンテ……92

W

「Wide Gamut HDR」……347

「Wide Gamut HDR - Rec.2020 HLG」……270

「Wide Gamut HDR - Rec.2020 PQ」……270

「Wide Gamut - Rec.2020 HLG」……271

「Wide Gumut HDR」……269

Wireless GO……283

Index

X
X2Pro Audio Convert ……… 309

Y
「Y Cb Crパレード」 ……… 275
YOULEAN LOUDNESS METER 2 ……… 306
「YouTube」 ……… 334

あ
アーカイブ ……… 18
「アーカイブを作成」 ……… 18
アウト点 ……… 64
「アウトライン」 ……… 206
「新しい親クリップを参照」 ……… 147
「穴を埋める」 ……… 181, 182
アニマティクス ……… 91
「アフレコ補正」 ……… 286
アルファチャンネルつきでムービーを書き出す …… 188

い
「イコライゼーション」 ……… 63, 281
「位置」 ……… 113, 166
「一般」（環境設定） ……… 324
イベント ……… 15, 36
イベントの活用法 ……… 39
イベントビューア ……… 73
「イベントを結合」 ……… 37
「イメージマスク」 ……… 219, 220
「色空間」 ……… 347
色調整 ……… 247
「色補正」 ……… 325
色補正 ……… 247
「色補正とオーディオ補正のオプション」プルダウンメニュー ……… 280
インサート編集 ……… 74
インスペクタ ……… 13
「インスペクタの高さを切り替え」 ……… 153
「インスペクタの単位」 ……… 325
「インスペクタを表示／隠す」ボタン ……… 30
インターレース ……… 343
「インダストリアル」 ……… 216

351

「インデックス」……*293*
イン点 ……*64*

う
「ウェイト」……*225*
「上書き」ボタン ……*48*

え
映像のキャプチャー ……*321*
絵コンテ ……*94*
「エッジ」……*182*
「エッジの距離」……*182*
「エフェクトエディタ」……*298*
「エフェクト」ブラウザ ……*150*
「エフェクトプリセットを保存」……*153*
「エフェクト」レーン ……*294*
「エフェクトをペースト」……*88, 141*
「絵文字と記号」……*224*
絵文字を使う……*224*

お
「オーディオ」……*327*
オーディオエフェクトの3つのカテゴリ ……*285*
「オーディオ解析」……*63*
オーディオクリップを配置 ……*82*
「オーディオ構成」……*278*
「オーディオ」タブ ……*62, 278, 280*
「オーディオのみを個別のファイルにする」……*308*
「オーディオフェードの継続時間」……*327*
「オーディオメータ」……*291*
オーディオレーン ……*293*
「オーディオレーンを表示」……*294*
「オーディオレーンを隠す」……*300*

「オーディオロール」（環境設定）……*331*
オーディオロール ……*307*
「オーディオロールを割り当てる」……*289*
「オーディオを自動補正」……*62, 280*
「遅く」……*101*
「オプティカルフロー」……*104, 108*
親クリップ ……*56*
「オレンジ対サチュレーション」……*266*
音圧を上げる ……*300*
音楽の拍子に合わせてクリップを編集 ……*84*
音量コントロール ……*52*

か
「カーニング」……*206*
「開始タイムコード」……*338*
「解析と修復」……*331*
「解像度」……*344*
「回転」……*167*
「ガウス」……*161*
書き出しのフォーマット ……*307*
「画質の悪いテレビ」……*172*
「カスタム」……*115*
「カスタムLUT」……*253, 273*
「カスタムカメラのLUTを追加」……*251*
「カスタム設定を使用」……*337*
「カスタム速度」ウインドウ ……*103*
「カスタム名を適用」……*23*
「カメラのLUT」……*251*
画面に分割線を表示 ……*115*
画面の一部をぼかす ……*161*
画面の分割 ……*112*
「カラーカーブ」……*261*
カラーグレーディング ……*247*

Index

カラーグレーディング—セカンダリ ……… *247*
カラーグレーディング—プライマリ ……… *247*
カラーグレーディング（カラーカーブ）……… *261*
カラーグレーディング（カラーホイール）……… *258*
カラーグレーディング（カラーボード）……… *254*
カラーグレーディング（ヒュー／サチュレーションカーブ）……… *265*
カラーコレクション ……… *247, 248*
「カラーホイール」……… *258*
「カラーボード」……… *158, 254*
「カラーマスク」……… *157*
環境ノイズ ……… *281*

き
キーアウト ……… *180*
「キーイング」……… *180*
キーフレーム ……… *53, 121, 127, 139*
キーフレームのタイミングを変える ……… *126*
キーフレームの追加と削除 ……… *127*
「キーフレームを削除」……… *127*
「キーヤー」……… *180*
「キーワード」……… *331*
キーワードエディタ ……… *34*
「キーワードエディタ」ボタン ……… *33*
キーワードコレクション ……… *33*
「キーを微調整」……… *182*
基本ストーリーライン ……… *45, 48*
「基本タイトル」……… *203, 204*
「基本枠線」……… *152, 196*
キャッシュ専用のストレージ ……… *43*
ギャップ ……… *118*
「強度」……… *181, 182*

く
「グラデーション」……… *118, 168*
「グラデーションマスク」……… *168*
「グラフィックイコライザ」……… *282*
「クリックしてコントロールポイントを追加」……… *174*
クリップ ……… *17*
「クリップ項目を開く」……… *296*
「クリップ項目を分割」……… *60, 80*
クリップに表示される色のライン ……… *36*
クリップにマーカーを設定 ……… *109*
「クリップのアピアランス」……… *47, 50*
クリップの音量を調整 ……… *51*
クリップの接続 ……… *55*
クリップの長さを調整 ……… *50*
クリップの表示サイズを調整 ……… *50*
クリップフィルタ ……… *25*
クリップの位置を調整 ……… *53*
クリップを置き換える ……… *87*
「クリップを逆再生」……… *103*
「クリップを開く」……… *147*
「グロー」……… *218*
「クロスディゾルブ」……… *190*
「クロスハッチ」……… *184*
「クロップ」……… *112, 114, 166*
クロマ ……… *180*
クロマキー合成 ……… *180*

け
「継続時間を変更」……… *192*
「現在のフレームを保存」……… *229, 335*

こ
「コーデック」……… *347*

353

子クリップ ……… 56
「コピーをMotionで開く」……… 237
「コミック（クール）」……… 150
コメントフォロー ……… 203
コンテ ……… 91
「コントラスト」……… 164, 184
コントロールポイント（キーフレーム）……… 53
コントロールポイント（マスク）……… 175
「コンポジット」……… 182

さ

「再生」……… 329
「再生」（環境設定）……… 328
再生速度を徐々に落とす ……… 105
再生速度を徐々に元に戻す ……… 107
「再生／停止」ボタン ……… 17, 49
サイドバー ……… 13
「サウンドエフェクト」……… 287
「サチュレーション」……… 257, 258
撮影日でクリップを抽出 ……… 31
「サラウンド」……… 347
「サラウンドバンナー」……… 348
「三脚モード」……… 171
「サンプルカラー」……… 182
「サンプルに移動」……… 182
「サンプルレート」……… 348

し

「シェイプマスク」……… 159
「ジェネレータ」……… 92
「ジェネレータ」タブ ……… 92, 116
「ジェネレータを挿入」……… 92
「時間表示」……… 324

「下三分の一」……… 212
「始点から置き換える」……… 88
「自動設定」……… 337
「自動速度」……… 110
字幕 ……… 203
「写真とオーディオ」……… 287
「写真とオーディオ」タブ ……… 82
斜体文字 ……… 207
ジャンプカット ……… 109
「終点から置き換える」……… 88
「出力先」（環境設定）……… 333
「出力先を追加」……… 335
「詳細設定」（ブライトネス）……… 284
「詳細編集」……… 96
「焦点」……… 164
「焦点」ボタン ……… 295
「情報」タブ ……… 110
ショートカットキー ……… 66, 76
「シルエットルミナンス」……… 187, 223
「白黒」……… 163
「新規イベント」……… 36
「新規スマートコレクション」……… 31
「新規複合クリップ」……… 58
「ジングル」……… 288
「深度」……… 225

す

「水平線を表示」……… 114, 209
「ズームとパン」……… 196
スキミング ……… 47
「スキミング」ボタン ……… 47
「スタイライズ」……… 172
「ステンシル・ルミナンス」……… 187

ストーリーライン ……… 44
「ストーリーラインからリフト」……… 58, 117
「ストーリーラインに追加」……… 29
「ストーリーラインを作成」……… 57
「ストリーク」……… 218
「ストレージの場所」……… 40
「スナップ」ツール ……… 69
「スピルの抑制」……… 183
「スピルレベル」……… 182
「スペースを作成」……… 348
「全てのファセット」……… 226
「すべてのホイール」……… 259
「スポット」……… 130, 218
スマートコレクション ……… 15, 30
「スムーズ」……… 139, 175
「スライド」……… 194, 214
スライドインするタイトル ……… 214
スライド編集 ……… 86
スリップ編集 ……… 86

せ

「静止」……… 103
「静止画像の継続時間」……… 90, 327
「生成されたライブラリファイルを削除」……… 39
接続ポイント ……… 56
「接続」ボタン ……… 48
「選択項目を再生」……… 287
「選択」ツール ……… 126
「選択範囲を解除」……… 65

そ

「挿入」ボタン ……… 48
ソースクリップ ……… 49

「速度トランジション」……… 105
「速度トランジション」ウインドウ ……… 106
「速度をリセット」……… 104
「素材」……… 226
「ソロ」ボタン ……… 291, 295

た

「ダイアログの警告」……… 325
「ダイアログ」レーン ……… 294
タイトル ……… 202
「タイトル／アクションのセーフゾーンを表示」…… 209
「タイトルとジェネレータ」タブ ……… 92
タイトルの「変形」にキーフレームを追加（Motion）…… 239
タイトルに文字を入力 ……… 204
タイトルの書式設定 ……… 205
タイトルのスタイルを保存 ……… 211
タイトルバック ……… 202
タイトルを光で照らす ……… 216
タイトルを輪郭文字にする ……… 219
タイムコード ……… 338
「タイムライン」（環境設定）……… 326
タイムライン ……… 13
タイムラインの表示を拡大／縮小 ……… 69
「タイムライン履歴を戻る」ボタン ……… 59
「タイムラインを表示／隠す」ボタン ……… 30
タイムラプス映像 ……… 199
タイムリマップ ……… 105
縦書きのタイトルを作成（Motion）……… 237
縦書きの文字を作成（Keynote）……… 235

ち

「小さな部屋」……… 286
「チャプタ」マーカー ……… 71

355

Index

「チャンネル」……347

「調整」……195

「調整レイヤー」……267

「調整レイヤー」を作成（Motion）……240

「直線状」……139

チルトシフト……163

つ

「追加」ボタン……48

ツーアップ表示……86

て

ディスクのフォーマット……20

ディスクユーティリティ……20

「テキスト」タブ……205

「テキスト」フィールド……205

デザインタイトル……203

「手ぶれ補正」……170

「デュアルモノ」……64, 278

テロップ……202

と

トランジション……128

「トランジションの継続時間」……193, 327

トランジションの長さを変える……191

「トランジション」ブラウザ……190

トランジションを移動……192

トランジションを削除……193

「トランスコード」……331

「トリム」……114

「トリム開始」……67

「トリム終了」……68

「トリム」ツール……85

「ドロップシャドウ」……152

「ドロップフレーム」……340

に

「にじみ」……183

入出力インターフェイス……318

の

「ノイズ除去」……63, 280

「ノイズリダクション」……155

ノイズを減らす……279

ノンドロップフレーム……341

は

「背後」……187, 222

「波形を大きく表示」……82

「花」……185

「ハムの除去」……63, 282

「速く」……102

パラメータの「公開」……240

「パラメータをペースト」……140

パラメータをコピー＆ペースト……140

「バランスカラー」……248

「範囲選択」ツール……52

「反転」（エフェクト）……167

「反転」（キーヤー）……182

「ハンドヘルド」……172

ハンドル……176

ひ

「美顔」テクニック……155

「ピクセル化」……162

ピクチャーインピクチャー……79

ビット深度 ……… *275*

「ビデオアニメーションを表示」……… *126*

「ビデオ・エフェクト・プリセットを保存」……… *154*

「ビデオカメラ」……… *172*

「ビデオスコープ」……… *255, 256*

「ビデオ」タブ ……… *80, 112*

「ビデオの品質」……… *104*

ビューア ……… *13*

「ヒュー／サチュレーションカーブ」……… *265*

「ヒュー対サチュレーション」……… *265*

「ヒュー対ヒュー」……… *265*

「ヒュー対ルミナンス」……… *265*

「評価なし」……… *26*

「標準 - Rec.709」……… *347*

「ビルド」……… *193*

「ピンストライプ」……… *151*

ふ

「ファイル」……… *330*

「ファイルをそのままにする」……… *16, 234*

フィニッシュ ……… *247, 267*

「フィルムロール」……… *222*

「フェース」……… *206*

「フォーマット」……… *342*

「フォーマット属性とアピアランス属性をすべて保存」……… *211*

吹き出しを作る ……… *229*

複合クリップ ……… *58, 78*

「不採用」……… *25, 26*

「不採用を隠す」……… *25*

「不透明度」……… *132*

「ブラー」……… *161*

「ブライトネス」……… *258, 284*

ブラウザ ……… *13, 46*

フリーズフレーム ……… *89*

「フリーズフレームを接続」……… *131*

「フリーズフレームを追加」……… *89*

プリヴィズ ……… *91*

「プリセットを保存」……… *299*

「プリロール継続時間」……… *329*

「プレースホルダ」……… *92*

「ブレード速度」……… *105*

「ブレード」ツール ……… *69*

「フレームの合成」……… *104*

フレームレート ……… *340, 345*

「プレーヤー背景」……… *329*

「アフレコを録音」……… *93*

「ブレンドモード」……… *187, 222*

「フロー」……… *198*

「ブロードキャストセーフ」……… *268*

プログレッシブ ……… *343*

プロジェクト ……… *45*

プロジェクトの設定ダイアログ ……… *337*

プロジェクトを書き出す ……… *336*

「プロジェクトを共有」……… *336*

「分割ハンドル」……… *176*

へ

変換点 ……… *106*

「変形」……… *120*

「編集」（環境設定）……… *326*

ほ

「ぼかし」……… *176*

「ポストロール継続時間」……… *329*

「ボリューム」スライダー ……… *62, 77*

「ホワイトバランス」……249

ま
マーカー ……71
「マーカーでジャンプカット」……109
「マーカーを追加」……71
「マークした範囲」……36
マイク ……290
マグネティックタイムライン ……53
マスク ……173
「マスクを反転」……163
「マスクを描画」……174, 177, 180
「マスター（デフォルト）」……334
「マット」……181, 182
「マットツール」……183

み
ミニチュア風の画面 ……163
「ミュージック」レーン ……294
「ミュージック」ロール ……289

め
「命名規則のプリセット」……23
「メディア」……16
「メディアの読み込み」ウインドウ ……16, 35

も
モーフィング ……199
モザイクで隠す ……162
「文字間隔」……206
文字にテクスチャを設定 ……222
文字の形に背景を切り抜く ……219
文字の高さを変える ……207

「文字ビューア」……224

ゆ
ユーザーの「ライブラリ」フォルダ ……212
「歪み」……114, 130, 207

よ
「よく使う項目」……27
「読み込み」（環境設定）……330

ら
「ライト」系のエフェクト ……218
「ライブラリ」……15
ライブラリ ……14
「ライブラリ・スマート・コレクション」……31
「ライブラリにコピー」……16
ライブラリのバックアップ ……19
「ライブラリのプロパティ」……40, 269
「ライブラリメディアを統合」……43
ライブラリを引越す ……41
「ライブラリを開く」……18
「ラウドネス」……63, 282
ラウドネス値 ……303

り
リスト表示 ……22
「リスト表示／フィルムストリップ表示の切り替え」ボタン ……22
リタイミング ……100
リタイミングエディタ ……101
「リタイミングエディタを隠す」……105

る

「ループ再生」……287

れ

「レイ」……183
レイヤー……111
レイヤーのクリップのみにトランジションを設定 ……196
「レート」……345
「レンダリング」……328, 347
レンダリングファイルを削除……39

ろ

ロール……289
ロールごとにオーディオを書き出す……306
「ロール」タブ……294
ロール編集……85
「録音／停止」ボタン……93
「露出」……255

わ

ワークスペース……12
「ワイプ」……217

【著者紹介】

加納 真

Twitter：@kano_shin

日本大学芸術学部映画学科卒、映像ディレクター

株式会社スター・ゲイト　取締役

東京・下北沢を拠点に企業VP、PV、CM、TV番組などを制作・演出

映像作品「ボーカロイド™ オペラ 葵上 with 文楽人形」（2014年）は国内シアターのほか、ロンドン（ハイパージャパン2014）、モスクワ（HINODE2016）などの日本紹介イベントで上映された。

また「デジタルコンテンツEXPO2014」においても上映され、ボーカロイドと文楽とのコラボレーションをテーマにしたコンテンツとして話題になった。

最近では「そんらぶ！」や「初音ミクシンフォニー」など、ボーカロイドを軸にイベント映像の制作にも携わっている。

著書：『Final Cut Pro Xガイドブック』『iMovieガイドブック』（ビー・エヌ・エヌ新社）『はじめてのMovie Pro MX3』（三才ブックス）等

Final Cut Pro X テクニックブック
プロが教えるワンランク上の映像・動画づくり

2019年12月23日　初版第1刷発行
2022年　1月15日　初版第2刷発行

著者◉加納 真
出演◉三田悠希(ティアラ-フロンティア)／ 石川 慧
撮影協力◉TEPPEN GYM ／ RISEクリエーション
イラスト◉夕凪ショウ

編集・DTP◉ピーチプレス
デザイン◉VAriant Design(オガワヒロシ)

発行人◉上原哲郎
発行所◉株式会社ビー・エヌ・エヌ
　　　　〒150-0022
　　　　東京都渋谷区恵比寿南一丁目20番6号
　　　　E-mail:info@bnn.co.jp
　　　　Fax:03-5725-1511
　　　　http://www.bnn.co.jp/

印刷・製本◉シナノ印刷株式会社

※本書の内容に関するお問い合わせは弊社Webサイトから、またはお名前とご連絡先を明記のうえ
　E-mailにてご連絡ください。
※本書の一部または全部について、個人で使用するほかは、株式会社ビー・エヌ・エヌおよび著作権者
　の承諾を得ずに無断で複写・複製することは禁じられております。
※乱丁本・落丁本はお取り替えいたします。
※定価はカバーに記載してあります。

ISBN978-4-8025-1155-1
2019©Shin Kano
Printod in Japan